乡村振兴·农村干部赋能丛书

设施园艺项目策划与经营

SHESHIYUANYI
XIANGMUCEHUAYUJINGYING

高晓蓉　杨卫国 ● 主编

济南出版社

图书在版编目（CIP）数据

设施园艺项目策划与经营 / 高晓蓉，杨卫国主编.
济南：济南出版社，2024.10. -- （乡村振兴）.
ISBN 978-7-5488-6572-8

Ⅰ. S62

中国国家版本馆CIP数据核字第2024YU5467号

设施园艺项目策划与经营
高晓蓉　杨卫国　主编

出　版　人　谢金岭
图书策划　朱　磊
出版统筹　穆舰云
特约审读　刘　进
特约编辑　张韶明
责任编辑　李　媛
封面设计　王　焱

出版发行　济南出版社
地　　址　山东省济南市二环南路1号（250002）
编 辑 部　0531-82774073
发行电话　0531-67817923　86018273　86131701　86922073
印　　刷　济南乾丰云印刷科技有限公司
版　　次　2024年10月第1版
印　　次　2024年10月第1次印刷
成品尺寸　185mm×260mm　16开
印　　张　10.25
字　　数　212千
书　　号　978-7-5488-6572-8
定　　价　33.00元

如有印装质量问题　请与出版社出版部联系调换
电话：0531-86131736

版权所有　盗版必究

前言

党的二十大提出全面建设社会主义现代化国家,农业不仅是基础和支撑,更体现了强国建设的速度、质量和成色。如今城乡居民食物消费结构在不断升级,今后农产品保供,既要保数量,也要保多样、保质量,推进农业现代化、保障绿色优质农产品供给尤为重要。掌握乡村产业策划与实施流程,学习新知识、新技能,实现藏粮于地、藏粮于技,立足乡村振兴,是本书的指导思想。

本书分五个模块,每个模块下有若干个项目,从市场调研、规划建设、生产实施到销售和效益分析,形成模块间的闭环,通过学习,了解设施园艺项目运作的整个过程。模块中的项目选择围绕乡村朝阳产业,因地制宜实施选择开发。在模块三组织生产过程中,依据不同作物方向设计育苗、蔬菜生产、果树生产、花卉生产、中草药生产五个平行项目,每个平行项目推选代表性作物介绍生产过程,学生可以根据需要选择学习。本书编排以设施园艺项目立项、实施全过程为主线,课程内容融合园艺典型工作岗位职责要求和"1+x"证书的内容及嫁接大赛的标准,融入环保、为民提供健康产品的意识,体现诚实守信、踏实精准、严谨认真的态度,落实标准化生产、绿色病虫防控技术。本书中的具体生产设置:生产准备、定植、作物生长不同时期的实际生产进程管理、采收评价等活动。生产准备活动中,根据实际工作要求,统筹规划,写出计划,列出物品精准用量清单,检测设施设备,强调安全生产。任务活动环环相扣,每一个相对完整的内容结束后都对整体活动进行评价,提升学生内化思考的能力,加强沟通,增强团队协作能力,为乡村振兴培养高素质创新型人才。

本书可与配套的微课视频教学资源包相配合,教学资源包按照工作要点、关键技术技能点设定场景,分成实操、理论、扩展等部分,构成自主式的学习方式,落实以学生为主体的教学理念,实现"要我学"向"我要学"的转变。其中,高晓蓉、杨卫国编写市场调研,季春梅、周世平编写育苗(以嫁接黄瓜为例),赵燕燕、周素茹编写规划设计和花卉生产(以鲜切花月季为例),高梅、黄盼盼编写果树生产(以葡萄为例）和中草药生产（以丹参为例），孙燕、于承鹤编写蔬菜生产（以黄瓜为例），张平平、邵传东编写保护设施、育苗生产准备、病虫害防治，姚凤娟、唐巍巍编写蔬菜生产案例，李强、王道国编写调研案例。

本书在编写过程中得到中共济宁市委组织部的指导和帮助，在此表示衷心感谢！由于编者水平所限，本书难免存在疏漏和错误之处，恳请广大读者批评指正。

编 者

2024 年 9 月

目 录

模块一 市场调研 ······· 1
 项目一 准备调研 ······· 1
 项目二 实施调研 ······· 5
 项目三 案例分析与评价 ······· 9

模块二 项目规划 ······· 23
 项目一 准备阶段与选址 ······· 23
 项目二 制定规划方案 ······· 27
 项目三 建设场区 ······· 37
 项目四 任务评价 ······· 52

模块三 组织生产过程 ······· 54
 项目一 蔬菜嫁接育苗 ······· 54
  任务一 准备生产 ······· 55
  任务二 种子处理 ······· 68
  任务三 播种 ······· 69
  任务四 出苗管理 ······· 70
  任务五 出苗后管理 ······· 72
  任务六 苗期病虫害防治 ······· 73
  任务七 人工顶端插接嫁接 ······· 75
  任务八 嫁接后管理 ······· 77
  任务九 出圃 ······· 79
  任务十 评价 ······· 80
 项目二 蔬菜生产 ······· 85
  任务一 准备生产 ······· 85
  任务二 定植 ······· 86
  任务三 田间管理 ······· 87
  任务四 病虫害防治 ······· 88
  任务五 采收 ······· 90

任务六　案例与评价 …………………………………… 90
项目三　果树生产 …………………………………………… 92
　　任务一　准备生产 …………………………………… 92
　　任务二　定植 ………………………………………… 93
　　任务三　环境调控 …………………………………… 96
　　任务四　肥水管理 …………………………………… 98
　　任务五　植株管理 …………………………………… 99
　　任务六　病虫害防治 ………………………………… 101
　　任务七　采收 ………………………………………… 103
　　任务八　评价 ………………………………………… 106
项目四　花卉生产 …………………………………………… 108
　　任务一　准备生产 …………………………………… 108
　　任务二　定植 ………………………………………… 112
　　任务三　日常管理 …………………………………… 114
　　任务四　切花月季的整形修剪 ……………………… 116
　　任务五　病虫害防治 ………………………………… 118
　　任务六　采收 ………………………………………… 123
　　任务七　评价 ………………………………………… 127
项目五　中草药生产 ………………………………………… 129
　　任务一　准备生产 …………………………………… 129
　　任务二　定植 ………………………………………… 131
　　任务三　田间管理 …………………………………… 133
　　任务四　病虫害防治 ………………………………… 134
　　任务五　采收 ………………………………………… 136
　　任务六　评价 ………………………………………… 138

模块四　产品销售工作 …………………………………… 140
　项目一　实施销售 …………………………………………… 140
　项目二　评价 ………………………………………………… 142

模块五　效益分析 ………………………………………… 143
　项目一　效益分析 …………………………………………… 143
　项目二　评价 ………………………………………………… 147

参考文献 …………………………………………………… 149
附　录 ……………………………………………………… 151

模块一　市场调研

任务目标

1. 了解市场调研原则；
2. 学会调研流程；
3. 学会撰写调研报告；
4. 通过调研能选出适合当地发展的项目；
5. 通过案例分析与"过程＋结果"的多元性评价，深刻理解调研的意义与作用；
6. 能脚踏实地，认真落实调研，严谨分析结果，敏锐发现目标市场和正确市场定位。

任务书

某一位投资者，在某一村庄，计划建设一座年生产能力为300万株蔬菜苗的育苗场，以智能温室生产为主。通过市场调研论证该育苗项目是否可立项。（该任务建议6学时）

工作流程与活动

准备调研、实施调研、评价。

项目一　准备调研

以小组为单位，进行研讨，落实调研内容、调研方式方法，确定完成调研的时间，预算所需费用，落实调研任务，形成调研方案。见表1.1–1。

表 1.1-1　准备调研活动

活动步骤	活动内容
材料、设备工具准备	接受任务，准备纸、笔，预习查找资料、教材等；相机，每人一台能正常上网的电脑。
小组研讨	1. 小组讨论，确定调研各类事项； 2. 明确小组成员任务分工； 3. 执笔人形成调研实施方案初稿。
成果展示	1. 分享讨论成果、感悟； 2. 修改调研实施方案。
作业	1. 每组提交调研实施方案； 2. 每位同学提交讨论过程及心得。

一、知识基础

市场调研通常指公司为了产品的研发、生产、销售等的相关决策，以统计的相关方法和理论，对市场上的信息进行收集、记录、整理和分析研究，从中了解本企业产品目前的市场和潜在的市场。同时，通过调研了解市场产品的供给和需求的变化、价格的变化等，对供求及价格的未来变化趋势进行研判与预测，向企业的决策者提供决策建议，作为企业经营决策的依据。

市场调研作为企业生产经营过程中的一项重要环节，对于企业的发展有十分重要的意义。如何进行调研？调研报告包含哪些内容？这些最终会以市场调研报告的形式呈现。

制定调研方案是为了解决为什么调研、调研什么、怎么调研、调研结果的指导作用等问题的指导性文件，使调研顺利进行。

（一）提出调研目的

如蔬菜育苗场项目可行性调研。

（二）规划调研内容

蔬菜育苗比较特殊，秧苗运输成本高，育苗场以服务当地生产为主，以调研周边 100 km 内的区域为首选。

产品调研。如育苗产品种类，消费规模，设施和露地种植面积，涉及种植户数，用苗量，全年蔬菜产量、产值，自产蔬菜供应量占周边 100 km 市场需求量的百分数，育苗产品价格，近期育苗投资情况等。

消费调研。如区域内已经运行的育苗企业性质规模、区域分布情况，行业政策，品牌满意度调查（价格、质量、服务、广告、运输、辐射），行业市场竞争程度。

上下游市场调研。如原材料构成，国内外原材料产销量、价格走向，上下游配套资料供给情况，消费趋势（下游市场结构变化趋势、相关政策、行业链关联度分析）。

设施设备、技术调研。如育苗温室结构、育苗设备与设施配置、信息化育苗环境调控、控制育苗技术即基于图像处理的健康苗识别技术等成果的应用情况。

销售渠道调查。（订单销售）主渠道、辅助渠道。

（三）确定调研时间、人员等

确定调研时间和参加调研的人员、交通工具。

（四）确定调研方式

如访谈、调研问卷、查资料、电话沟通等。

（五）调研地点选择

选择调研目标，与被调研企业沟通协商，落实调研。

（六）预算调研资金

如资料费、人工费、差旅费等相关费用。

（七）设计调查问卷

针对想要了解的问题设计调查问卷，用纸质问卷或问卷星。

二、任务活动拓展

①某一位投资者，计划建设一个年生产能力为15万t的蔬菜生产基地，以日光温室生产为主。通过市场调研，论证该项目是否可立项。

②某一位投资者，计划建设一个年生产能力为1万t的水果生产基地，以大拱棚生产为主。通过市场调研，论证该项目是否可立项。

③某一位投资者，计划建设一个年生产能力为200万束的鲜花生产基地，以智能温室生产为主。通过市场调研，论证该项目是否可立项。

④某一位投资者，计划建设一个年生产能力为0.1万t的中草药生产基地，以日光温室生产为主。通过市场调研，论证该项目是否可立项。

三、知识链接

设施花卉生产项目规划调研内容

①市场环境调研主要是企业对其所能辐射的范围内市场环境，如经济、政治、文化等方面进行调查。

②市场需求调查主要是对市场某类花卉的最大和最小需求量、现有和潜在需求量、不同区域的销售良机和销售潜力等方面进行调研。

③消费和消费行为的调查内容主要包括消费者的消费水平和消费习惯。

④花卉产品调查主要调查消费者对花卉质量、规格和功能等方面的评价反应。

⑤价格调查的内容主要包括消费者对传统花卉品种价格和新品种价格如何定位。

⑥竞争对手的调查主要包括调查竞争对手的数量、分布及其基本情况，竞争对手的竞争能力，竞争对手的花卉特性分析等。

⑦上下游市场调研主要包括原材料构成，国内外原材料产销量、价格走向，上下游配套资料供给情况，消费趋势（下游市场结构变化趋势、相关政策、行业链关联度分析）。

⑧销售渠道调查主要调查主渠道、辅助渠道。

⑨科技发展的调查内容主要包括花卉生产技术、生产手段、生产工艺等方面，调查的目的是摸清科学发展的情况，为下一步制订生产计划奠定基础。

项目二 实施调研

以小组为单位，分工协作，根据调研方案进行规范实施。调研时关键选准调研对象，用准调研工具，提准调研问题，引发创新思维。分工进行资料查询，实地或电话访谈，发放调查问卷，整理各项调研资料，分析调研数据，得出调研结果，提炼调研意见与建议，形成调研报告，为建设项目提供指导。见表1.2-1。

表1.2-1 实施调研活动

活动步骤	活动内容
材料、设备工具准备	提问提纲，调查问卷，落实被调研企业与人员，纸，笔；相机，每组一台能上网的电脑，交通工具。
小组分工进行资料汇总	1. 在组长带领下，小组成员分工调研，自主学习调研报告样本，形成资料； 2. 小组成员领取任务，选区域自行实地调研，形成调研第一手资料； 3. 执笔人分析调研素材，合并汇总资料，形成调研报告初稿。
成果展示	1. 小组代表分享调研成果、感悟； 2. 修改调研实施方案。
作业	1. 每组提交调研报告； 2. 每位同学提交调研过程及心得。

一、知识基础

（一）蔬菜行业发展现状

国家统计局数据显示，蔬菜占农作物总播种面积的比例，2019年为12.57%，面积20 862.74 km^2；2020年为12.83%，面积21 485.48 km^2。2021年，我国蔬菜播种面积约为21 985.71 km^2，同比增长2.3%；我国蔬菜产量约为77 548.78万t，同比增长3.5%。

2022年，我国蔬菜播种面积约为22 434.06 km^2，同比增长2.0%；我国蔬菜产量约为79 997.22万t，同比增长3.2%。

2021年，中国鲜或冷藏蔬菜出口数量为590万t，同比下降14.7%；鲜或冷藏蔬菜出口金额为595 998万美元，同比增长3.3%。2022年，中国鲜或冷藏蔬菜出口数量为614万t，同比增长4.1%；鲜或冷藏蔬菜出口金额为606 161万美元，同比增长1.7%。

2016年，某单位调研了92家蔬菜苗场，并发放5类问题调查表，其中一项调查内容：番茄瓜类育苗比例最大，分别为84.7%、80.43%；花菜类为33.7%；根菜类最少，为10.8%。

2018年，60%以上蔬菜种植采用育苗移栽，特别是番茄、辣椒、西瓜、黄瓜等果菜类蔬菜和甘蓝类、叶菜类蔬菜育苗移栽率超过80%。已有1 500余家企业和合作社从事蔬菜规模化育苗，每年蔬菜集约化育苗近2 000亿株，约占年蔬菜种植总需苗量的30%以上，已经形成适合我国的"成本节约、技术集约、场地集中"的蔬菜育苗集约化育苗技术体系。集约化育苗体系，标志着蔬菜育苗行业逐步进入成熟发展阶段。

中国蔬菜协会信息部对部分育苗企业进行跟踪调研：2022年第二季度调研576家企业，有效数量522家，企业总订单数50.8万株，用工成本135.9元/（天·人），秧苗均价0.6元；2022年第三季度调研706家企业，有效数量585家，企业总订单数71.3万株，用工成本127.54元/（天·人），秧苗均价0.62元；2023年第二季度调研622家企业，有效数量565家，企业总订单数57.04万株，用工成本122.7元/（天·人），秧苗均价0.52元；2023年第三季度调研544家企业，有效数量475家，企业总订单数35.54万株，用工成本127.6元/（天·人），秧苗均价0.58元；2023年第四季度调研511家企业，有效数量402家，企业总订单数22.48万株，用工成本130.1元/（天·人）。蔬菜育苗行业市场不断波动，价格、企业订单数不稳定，育苗企业经营风险受需要育苗蔬菜种植面积影响大。调研资料还显示，市场上普遍存在用工短缺（缺年轻人、缺技术员、缺临时用工）、成本高、自动化设备亟待提升等问题。

（二）撰写调研报告

整理调研各项资料，分析调研数据，得出调研结果，提炼调研意见与建议，形成调研报告，为建设项目提供指导。

调研报告格式：

①前言；

②介绍调研基本情况；

③分析调研内容，形成调研结果，得出调研结论；

④结论及策略建议。

结论与主要观点。如育苗季节性强，技术要求严格，运输风险大，设施设备闲置时间长，成本高，往往出现资金不足的问题，有经营风险，所以品种、销售市场的选择十分重要。

策略建议。如育苗场服务于方圆100 km区域内的蔬菜生产，销售以供应当地及周边市县为主；提升设施设备的现代化、信息化水平，提高育苗技术和环境调控的能力，减少人工投入，做好病虫害的预防工作。

行业发展前景预测。如蔬菜育苗是现代化蔬菜种植的重要部分，处于行业成熟阶段，其受当地种植结构的变化影响大，想要保持一定的市场空间，可以在品种引进、展示等方面多做工作，引领市场动态，保证秧苗质量。

二、知识拓展

（一）花卉产品结构

目前，我国花卉产品正在向多样化转变，花卉产品已由盆景和小盆花发展到鲜切花、盆栽植物、观赏苗木、草坪、种子种球种苗用花卉、干燥花、食用与药用花卉、工业用及其他用途花卉等十几种花卉类型，满足了不同消费者对花卉产品的基本需求。

根据不同类型花卉产品的销售额计算得到花卉产品结构，近20年来，我国不同花卉产品类型所占比例基本保持稳定。各花卉产品结构中，观赏苗木所占比重最大，接近甚至超过一半的份额；其次为盆栽植物类，基本在25%的比例上下浮动；再次是鲜切花类，所占比重基本维持在10%以上的水平。

（二）种植面积

不同种类花卉的种植面积变化差异较大，在中国各类花卉产品种植面积中，观赏苗木种植面积占比较大，虽近几年呈下降趋势，但占比仍大于50%。2022年全国花卉种植面积达158.01万公顷，2014~2022年复合增速为5.6%。其中观赏苗木种植面积占比58%，同比约减少15%，其次是食用与药用花卉和盆栽植物类种植面积，占比分别约19%和9%。2023年我国盆栽植物种植面积延续上年扩张减缓的趋势。近年来市场上较为追捧的鲜切花类的种植面积占我国花卉总体种植面积的近5%。

（三）销售额

不同种类花卉的销售额均呈逐年增长趋势，增长最快的仍是观赏苗木，特别是在2009年之后，其增长幅度明显快于鲜切花和盆栽植物。2014年之后，鲜切花和盆栽植物的增长幅度要快于观赏苗木。相对而言，鲜切花和盆栽植物销售额的增长幅度要大于种植面积，这也从侧面反映出其单位面积产值呈现不断提高的趋势。2021年，花农直播带货蓬勃兴起。以前在生产基地埋头劳作的花农，如今拿起手机在网上直接向消费者推销商品，生产商进入零售领域。这种形式吸引了大量新的消费者，极大地刺激了花卉销售。

（四）花卉主产区情况

目前，我国花卉市场初步形成了"西南有鲜切花、东南有苗木和盆花、西北冷凉地区有种球、东北有加工花卉"的生产布局。我国花卉种植面积大的省份包括江苏、山东、河南、浙江四省，四省的花卉种植面积占全国种植面积的45%左右。

（五）花卉产业趋势

在当前国际局势下，全球粮食安全面临威胁。国务院于2020年出台《关于防止耕地"非粮化"稳定粮食生产的意见》，坚决防止耕地"非粮化"倾向，严格规范永久基本农田上的农业生产经营活动。今后几年，全国范围内将会进一步清理花卉苗木占用基本农田和耕地问题，花卉苗木结构性过剩和低水平重复建设项目将被淘汰出局，一些小规模生产企业和经营能力相对较弱的公司将面临新的生存压力。

在严峻的挑战面前，花卉产业唯有加快转型升级。

项目三 案例分析与评价

以小组为单位，分工协作，学习分析市场调研有关案例，对本组进行市场调研的活动过程、调研实施方案及调研报告进行评价。

案例一

花卉企业的现状与发展调研实施方案

1. 目的与要求

通过参观考察较大型的花卉企业，对企业诸多方面的情况进行较全面的实地考察和调查分析，深入了解花卉生产发展现状、园区结构布局、生产设施、经营模式、管理方法等情况。

2. 调研对象

花卉生产基地、花卉经营企业等。

3. 调研内容

（1）气候土壤条件

①气候：年平均温度、最高与最低温度、日照时数、初霜期和晚霜期、年降水量和雨量的季节分布情况等。

②地理位置：与城区的距离、主要交通道路、运输能力等。

③土壤：土壤性质、结构、酸碱度、肥力、有害盐类、地下水位状况等。

（2）规划区划情况

当地花卉生产历史和发展趋势，该基地的园区面积、小区划分、道路系统、排灌系统等。

（3）设施设备情况

建筑物，温室，塑料大拱棚，荫棚，冷窖，机械化、自动化设备，各种栽培容器与机具等。

（4）花卉种类

露地栽培种类、温室栽培种类、主要生产经营种类、少量生产经营种类等。

（5）栽培管理技术

土壤管理、植株管理、病虫害及防治等技术措施，其他先进技术及现代化设施的应用状况等。

(6) 经营管理及经济效益情况

用工、用料、成本核算、营销机制、经济效益、当地的人口数量、经济发展水平、收入状况、生产企业状况、市场营销供求状况及花卉发展趋势等基本情况。

4. 调研时间地点

5. 参与调研人员

6. 调研保障

××××年十月二十日

案例二

某专业村干部岗位能力需求调查问卷

调查时间_____ 调查地点_____

根据人才培养要求，结合专业实际需要特编制本问卷，调查对象包括本地市各村"两委"成员及农村有志青年，请被调查人员积极配合，如实填写本表格，在此表示衷心感谢！

(一) 被调查人基本情况

姓名	性别	年龄	文化程度	职务	任职届数	社会兼职	人大代表/政协委员

(二) 调查内容（请在你选择的答案上面打√）

1. 请问你现在是不是"两委"成员？

   A. 是　　　　　B. 不是

2. 请问你认为本村村干部在能力上的缺点主要有哪些？（可以多选）

   A. 学历层次低　B. 相关知识少　　C. 自身素质低　　D. 作风简单粗暴

   E. 工作不扎实　F. 法律意识弱　　G. 其他

   如选其他，请说明：_____

3. 请问你认为本村村干部在能力上的优点主要有哪些？（可以多选）

   A. 政治素质高　B. 思想品德好　　C. 工作能力强　　D. 工作经验丰富

   E. 致富带头人　F. 工作作风好　　G. 其他

   如选其他，请说明：_____

4. 请问你需要参加村干部岗位能力学习吗？

   A. 需要　　　　B. 不需要　　　　C. 说不清

5. 请问你需要参加什么性质的村干部岗位能力学习？（可以多选）

   A. 不脱产的　　B. 有学历的　　　C. 培训型的　　　D. 其他

如选其他，请说明：_____

6. 如果你要参加村干部岗位能力学习，你最希望学到什么知识？（可以多选）

   A. 法律法规知识　　　　　　　　B. 财务管理知识

   C. 乡村领导知识　　　　　　　　D. 乡村社区文体

   E. 乡村社区规划　　　　　　　　F. 一门或一门以上的致富技能

   G. 国内外经济形势　　　　　　　H. 计算机及电子商务

   I. 其他

   如选其他，请说明：_____

7. 如果你要参加村干部岗位能力学习，你最希望开展的实训课程是？（可以多选）

   A. 村务管理模拟实训　　　　　　B. 村级财务管理模拟实训

   C. 乡村文化建设模拟实训　　　　D. 农村经济合作组织模拟实训

   E. 村干部素质拓展模拟实训　　　F. 农村法庭模拟实训

   G. 其他

   如选其他，请说明：_____

8. 如果你要参加村干部岗位能力学习，你最希望的授课教师类型是？（可以多选）

   A. 教授型　　B. 气氛活跃型　　C. 知识渊博型　　D. 专业技术型

   E. 致富能手型　F. 其他

   如选其他，请说明：_____

9. 如果你要参加村干部岗位能力学习，你最希望参与的活动是？（可以多选）

   A. 村干部论坛　　　　　　　　　B. 模拟村委两会选举

   C. 村干部"晒权"活动　　　　　　D. 知识竞赛

   E. 体育活动　　　　　　　　　　F. 文化活动

   G. 其他

   如选其他，请说明：_____

10. 如果你要参加村干部岗位能力学习，你希望提升的能力是？（可以多选）

    A. 带头致富能力　　　　　　　　B. 组织群众能力

    C. 人际关系处理能力　　　　　　D. 财务管理能力

    E. 计算机能力　　　　　　　　　F. 文件处理能力

    G. 领导能力　　　　　　　　　　H. 依法办事能力

    I. 身体素质能力　　　　　　　　J. 其他

    如选其他，请说明：_____

11. 你对于参加哪种企业的实践技能训练感兴趣？

    A. 种植类企业　　B. 养殖类企业　　C. 农产品加工企业　　D. 服务类企业

12. 你认为学校需要多少校外实训基地合适？

A. 10个以上的校外实训基地　　B. 5~9个校外实训基地

C. 1~4个校外实训基地　　D. 不知道

13. 你认为村里怎样的人最受尊敬？

A. 企业主和有钱的人　　B. 人多势多的人

C. 在外有靠山的人　　D. 有知识和有技术的人

E. 有威信的老人　　F. 其他

如选其他，请说明：_____

14. 你认为村干部哪方面的能力最重要？

A. 带领群众致富　　B. 做事民主

C. 善于协调　　D. 善于交往

E. 其他

如选其他，请说明：_____

15. 你认为目前村干部工作最大的困难是什么？

A. 财政支持少　　B. 债务累累

C. 没有好项目　　D. 缺少技术

E. 缺少管理人才　　F. 其他

如选其他，请说明：_____

16. 你认为当前本村最需要村干部做的事情是哪几项？（可以多选）

A. 计划生育　　B. 征兵工作

C. 带领村民发展经济，增收致富　　D. 接待上级领导

E. 管理村级组织工作　　F. 农村基础设施建设

G. 维护村治安工作

H. 维护村民利益，向上级反映村民意见和建议

I. 发展村医疗卫生状况及福利工作　　J. 支持维护发展基础教育

K. 宣传科技知识、科教兴农　　L. 调解民间纠纷

M. 宣传法律法规和国家政策，教育和推动村民履行依法应尽的义务，维护公共财产

N. 协调村与村之间的关系

17. 你对农村选举中给选民送钱物的行为持什么态度？

A. 坚决反对　　B. 反感，但无可奈何

C. 理解，可以接受　　D. 理解，不能接受

E. 很正常

18. 你认为农村应该发展哪些类型的农民合作组织？

A. 农民专业合作社　　　　　　B. 农民专业合作协会

C. 村社区合作组织　　　　　　D. 其他

如选其他，请说明：

你对于村干部能力培养还有什么好的建议和意见，请填写：_____

_____

案例三

山东省设施果树发展市场调研报告

1. 设施果树行业发展概况

（1）设施果树行业简介

果树设施栽培指在不适宜果树生长发育的季节（地区），在充分利用当地自然资源条件的基础上，借助温室、塑料大拱棚和避雨棚等保护设施，改善或控制设施内的光照、温度、湿度和 CO_2 浓度等环境因子，为果树的生长发育提供适宜的环境条件，进而达到生产目标的人工调节的栽培模式，这是一种资金、劳力和技术高度密集的产业。

设施农业是集工程技术、生物技术、信息技术、管理技术、环境技术为一体的现代农业生产方式，具有高投入、高产出、高品质、高收益、高技术含量等特点，通过设施与技术人为控制环境因素，摆脱农业对自然环境的依赖，实现高产量、高效益。

（2）惠农政策

习近平总书记指出，"树立大食物观，发展设施农业，构建多元化食物供给体系"，"设施农业大有可为，要发展日光温室、植物工厂和集约化畜禽养殖，推进陆基和深远海养殖渔场建设，拓宽农业生产空间领域"。

2014年，我国农业部与国土资源部联合印发了《关于进一步支持设施农业健康发展的通知》指出，一是设施农业用地范围扩大，规模化粮食生产所必需的设施也将被加入其中。二是设施农用地由审核制改为备案制。按照国务院简化程序的要求，设施农用地由审核制改为备案制管理，对用地标准、原则及规模等规定进行细化，加强基层政府和农业及国土部门的监管职责。三是细化设施农用地管理要求。

2016年的"中央一号文件"明确提出了延长农业产业链建设，深度加工农产品，保障农民利益不受损害，增加农民增收，提高农业产销结合的紧密性，推动农村一、二、三产业深度融合，让农民能够共享产业融合发展的增值收益。加快建设"一村一品"示范村镇，助力品牌优势，增加产品附加值，提升产品竞争力，促进农业产业优化升级。

2023年6月,农业农村部《关于发展现代设施农业的指导意见》中指出:到2030年,全国现代设施农业规模进一步扩大,区域布局更加合理,稳产保供能力显著提升,设施蔬菜产量占蔬菜总产量比重提升到40%,畜牧养殖规模化率达到83%,设施水产品产量占水产品养殖总产量比重达到60%;设施农业绿色发展全面推进,设施农产品质量安全抽检合格率稳定在98%以上;科技装备条件显著改善,设施农业科技进步贡献率与机械化率分别达到70%和60%。

农业农村部联合国家发展改革委、财政部、自然资源部制定印发的《全国现代设施农业建设规划(2023~2030年)》指出,以优化现代设施农业布局、适度扩大规模、升级改造老旧设施为重点,以提高光热水土等农业资源利用率和要素投入产出率为核心,以强化技术装备升级和现代科技支撑为关键,持续提升现代设施农业集约化、标准化、机械化、绿色化、数字化水平,构建布局科学、用地节约、智慧高效、绿色安全、保障有力的现代设施农业发展格局,为拓展食物来源、保障粮食和重要农产品稳定安全供给提供有力支撑。

《全国现代设施农业建设规划(2023~2030年)》中明确指出,支持建设以节能宜机为主的现代设施种植业。加快传统优势产区设施改造提升,支持整县推进实施老旧低效设施改造,加快推广现代信息技术和设施装备,有序推进产业提档升级。强化大中城市现代化都市设施农业建设,突出发展现代都市型智慧设施农业,建设一批全年生产、立体种植、智能调控的连栋温室和植物工厂等高端生产设施,形成一批布局合理、高产高效的现代设施农业标准化园区。以蔬菜和水稻生产大县为重点,合理布局建设集约化育苗(秧)中心。

当前,我国大力推进农业现代化建设。除了中央政府下达的各项指导性政策外,地方政府也积极响应中央号召,积极制定各项地方惠农政策,促进地方农业的持续稳定发展。如山东青州重视设施农业发展,在人才、科研、服务平台等方面制定了相关政策,在企业自主知识产权的新品种审定、推广、科研单位引进、新建标准化种业繁育基地、争创龙头企业称号、育种人才引进等方面都制定了明确的奖励资金数额。

2. 产品生产调查

(1) 山东省果树产品种类与产量统计

山东省设施果树发展较快,以2021年为例,全省水果总产量约1 913.9万t。其中苹果产量约977.2万t;梨产量约123.3万t;葡萄产量约122.9万t;桃产量约449.4万t。(见图1.3-1)果园面积保持基本稳定,生产能力和产业整体素质有了较大提高。

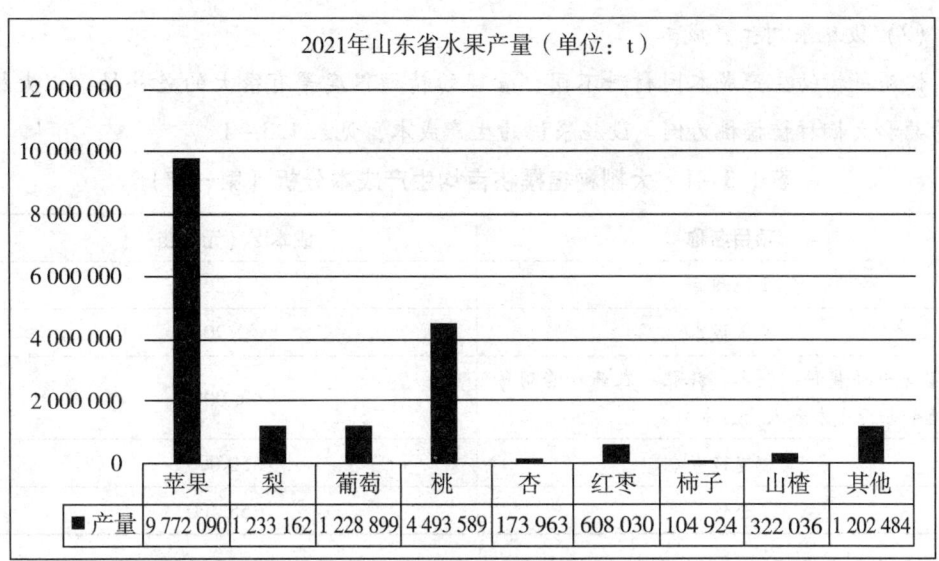

图 1.3-1 2021 年山东省水果产量（单位：t）

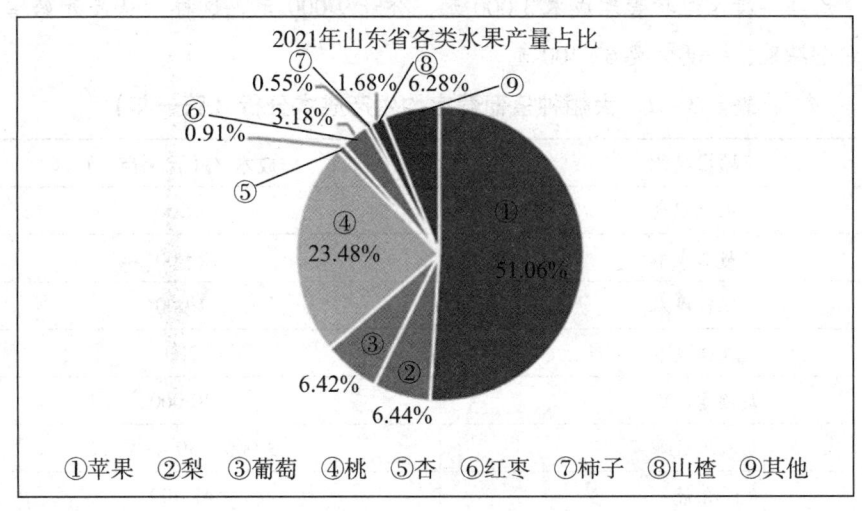

图 1.3-2 2021 年山东省各类水果产量占比

中国是世界苹果生产第一大国，苹果种植面积和产量均居世界第一，同时中国也是世界苹果主要出口国之一，苹果产业在中国农业经济中具有举足轻重的地位。山东省苹果种植面积占全省水果种植面积的 50% 以上，山东省苹果种植面积占全国苹果总种植面积的 12%~14%，苹果种植面积位居全国首位。

多年以来，我国设施果树产业发展迅猛，规模迅速扩大，栽培总面积和总产量分别由 21 世纪初的 105 万亩和 100 多万 t 发展到 2020 年的 750 万亩和 900 多万 t。无论是设施果树的栽培面积还是产量，均居世界首位。其中设施葡萄栽培面积约 345 万亩，占葡萄栽培总面积的 30% 以上；设施草莓次之，栽培面积约 195 万亩，占草莓栽培总面积的 90% 左右；设施桃栽培面积约 40.5 万亩，占桃栽培总面积的近 3%；设施樱桃栽培面积超 30 万亩，占樱桃栽培总面积的近 10%。

(2) 设施果树生产成本

设施果树的生产成本因材料不同、管理的精细程度等有很大的差异性，以大棚种植葡萄和大棚种植樱桃为例，设施果树的生产成本，见表1.3-1。

表1.3-1 大棚种植樱桃亩均生产成本分析（第一年）

项目名称	成本/（元·亩$^{-1}$）
土地租金	1 200
苗木成本	1 200
管理支出（栽种、浇水、施肥、农药和修剪等产生的物资成本和人力成本）	6 000
大棚建造成本	50 000
合计	58 400

根据表1.3-1，一亩樱桃树栽种第一年一共需要投入58 400元。往后第二、三、四年，平均每年投入维护管理成本3 000元，合计9 000元。这样，从最开始培育樱桃树苗到完全结果，一共需要67 400元。

表1.3-2 大棚种植葡萄亩均生产成本分析（第一年）

项目名称	成本/（元·亩$^{-1}$）
土地租金	1 200
苗木成本	2 000
肥料成本	1 000
农药成本	200
大棚建造成本	40 000
人工成本	3 000（30个工人）
合计	47 400

表1.3-3 大棚种植葡萄亩均生产成本分析（第二年）

项目名称	成本/（元·亩$^{-1}$）
土地租金	1 200
肥料成本	600
农药成本	300
人工成本	3 000（30个工人）
纸袋	300
农膜	200
合计	5 600

3. 产品消费调查

中国水果消费市场巨大，与国外每人每年消费水果 85 kg 相比，国内人均消费量 2020 年仅有 56.3 kg，与健康水果消费标准 70 kg 还有一定差距。

通过市场调查发现，80% 的三口之家每月的水果消费支出超过 80 元，10% 的家庭水果消费在 50~80 元，只有 10% 的家庭每月消费 50 元以下的水果。

以下是中国人均干鲜果消费数量的统计图：

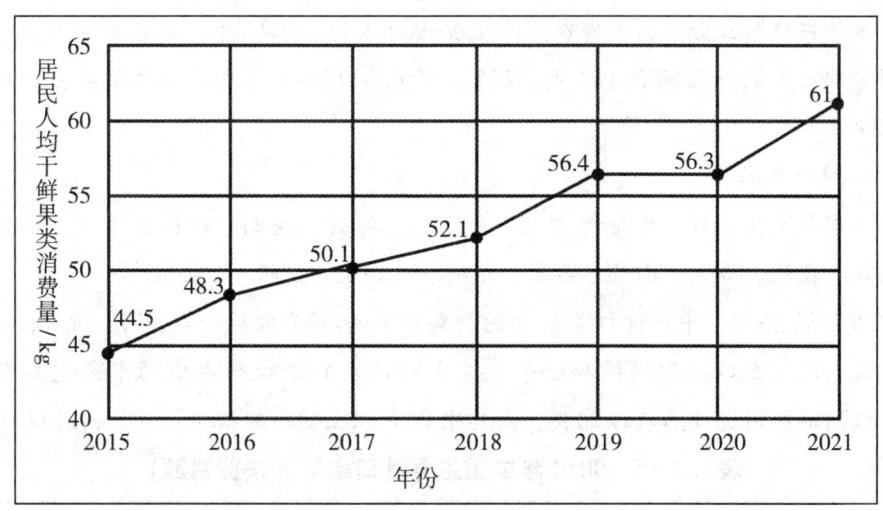

图 1.3-3　居民人均干鲜果类消费量

在正值葡萄大量上市的季节，以设施葡萄价格为例，展示设施葡萄价格。

表 1.3-4　某葡萄采摘园葡萄价格

葡萄品种	价格/（元·斤$^{-1}$）
阳光玫瑰	25
甜蜜蓝宝石	28
藤稔	8
金手指	18
巨峰	12
玫瑰香	10
中国红玫瑰	16

销售渠道调查：某葡萄采摘园的主要销售方式为观光采摘，现该葡萄园最大的优势为种植品种数量多，销售覆盖周期长，每年从 5 月份开始有葡萄上市，一直到 11 月份，均有不同的葡萄品种上市。辅助销售渠道为零售和订单销售，仅占总销售数量的 20%。

4. 产品进出口市场调查

以2021年为例，山东省农产品出口额1 238.4亿元，占全国农产品出口总值的22.7%。山东省以一般贸易方式出口农产品额999.8亿元，占当年山东省农产品出口总值的80.7%；以加工贸易方式出口额227.3亿元，占18.4%。山东省民营企业出口农产品额960.8亿元，占出口总值的77.6%；外商投资企业出口额267.3亿元，占21.6%，国有企业出口额10.3亿元。

日本、东盟和欧盟为山东省农产品主要出口市场。2021年，山东省对日本、东盟和欧盟分别出口农产品额284亿元、234.4亿元和152.4亿元，三者合计占出口总值的54.2%。

（1）进口市场

山东水果主要进口来源地为智利、泰国、菲律宾、越南、新西兰等，主要进口品类为榴梿、樱桃、香蕉、山竹、葡萄、柑橘、猕猴桃、龙眼、火龙果等。

以2020年为例，中国进口量最大的新鲜水果分别是榴梿、车厘子、香蕉、山竹、葡萄、火龙果、龙眼、猕猴桃和橙子，这9种水果的进口额占中国水果进口总额的78%，仅榴梿就占进口总额的23%，而其中90%以上的新鲜榴梿是从泰国进口的。

表1.3-5 2020年中国主要进口水果（按贸易额）

水果名称	进口金额/亿美元
鲜榴梿	23
车厘子	16.4
香蕉（包括芭蕉）	9.3
番石榴、杧果和山竹	7.5
葡萄	6.8
鲜或干的柑橘类	4.9
猕猴桃	4.5
鲜蔓越莓和越橘	1.8
鲜或干的菠萝	1.7
鲜李子	1.5

2020年，中国从泰国进口了57.5万t新鲜榴梿，总额690亿泰铢（约合147亿元人民币），同比增长78%，成为泰国新鲜榴梿的最大出口市场。2021年，中国鲜榴梿进口量达82.16万t，进口金额42.05亿美元，同比增幅分别为42.66%和82.44%。2021年与2017年相比，进口量增长了59.72万t，增幅达266.16%；进口金额增长了36.53亿美元，增幅达661.78%。

（2）出口市场

山东省出口水果以苹果为主，以2021年山东省水果出口中的苹果为例，分析山东省水果出口概况，见图1.3-4。

2021年，山东省鲜苹果主要出口地区有菲律宾、印度尼西亚、孟加拉国、泰国、尼泊尔、马来西亚、新加坡、阿联酋、越南和沙特阿拉伯，其出口数量分别为15.54万t、15.21万t、10.40万t、8.34万t、5.30万t、3.68万t、1.55万t、1.08万t、0.89万t和0.76万t。

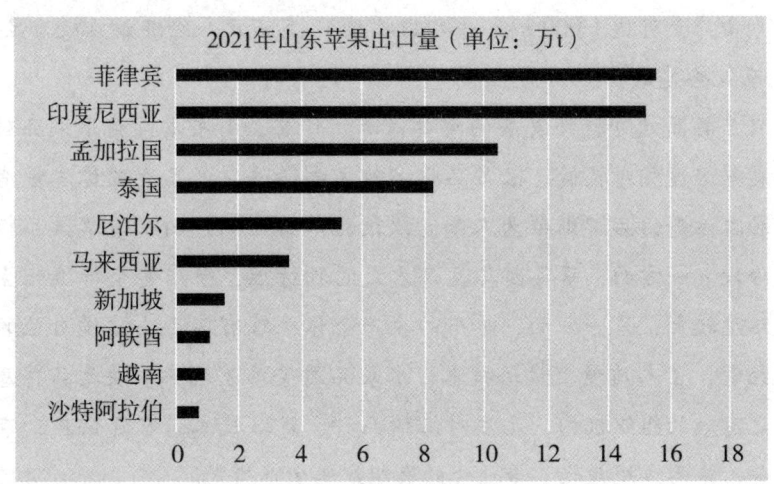

图1.3-4 2021年山东苹果出口量（单位：万t）

2021年，山东省鲜苹果出口到菲律宾的金额为1.98亿美元，占全省总出口金额的23.71%；出口到印度尼西亚的金额为1.81亿美元，占全省总出口金额的21.69%；出口到孟加拉国的金额为1.11亿美元，占全省总出口金额的13.36%；出口到泰国的金额为1.24亿美元，占全省总出口金额的14.87%。以上四个地区总出口金额为6.14亿美元，占全省总出口金额的73.62%。

5. 行业发展前景预测

（1）中国形成4个优势设施果树栽培区

①环渤海湾产区。其主要包括辽宁、山东、河北、北京和天津等地区，以设施葡萄、设施草莓、设施樱桃和设施桃为主，是我国设施促早栽培最为集中的优势区域。

②西北产区。其主要包括甘肃、宁夏、山西、陕西和新疆等地区，以设施葡萄和设施桃为主，是我国延迟栽培最为集中的优势区域。

③黄河与长江中下游产区。其主要包括浙江、江苏、上海、河南、安徽、湖南、湖北等地区，以设施葡萄和设施草莓为主，是我国设施避雨栽培最为集中的优势区域。

④西南产区。其主要包括广西、四川等产区，以设施葡萄和设施柑橘为主，葡萄避雨栽培和柑橘简易延迟栽培是该区域的主要设施栽培类型。

(2) 经济效益好，发展前景广

设施果树主要涉及避雨栽培、促早栽培和延迟栽培等多种栽培类型。

设施葡萄建园第二年甚至当年起亩产量就可稳定在750 kg以上，平均亩收益3万元。

设施草莓第一年可生产2~4茬，平均亩产量2 000 kg以上，亩收益2~3万元；设施桃定植第二年起亩产量即可在2 000 kg以上，平均亩收益2~4万元。

设施樱桃采用3~4年生大苗，第二年亩产量250 kg以上，第三年后亩产量500 kg以上，盛果期亩产量可达1 000 kg，平均亩收益4~5万元，经济效益极为显著。

6. 结论及策略建议

品牌是农产品高效可持续发展的重要保障。目前，山东省设施水果品牌较多，但是大部分品牌知名度相对较低。很多品牌仍然主要通过农产品地理标志被消费者所熟知，生产者独立注册的品牌则鲜为人知。以设施草莓为例，山东省草莓品牌建设仍处于初级建设阶段。一方面，草莓因其生产方式的独特性，很难完全标准化生产，使得其品牌建设难度较大；另一方面，单个的生产个体很难有实力去建设自己的品牌，果农多为独立经营，苗木质量、栽培技术、水果品质等参差不齐，缺乏品牌意识。产区尚未形成行之有效的组织机构，无法对果树品种、栽培技术、农资供应、市场营销等方面加以引导，未形成规模化、专业化的有组织的生产模式。

市场是产业发展的风向标，品种直接决定产品品质。优良新品种的研究技术集成和示范推广，是果业可持续发展的重要措施。我国果树发展具有悠久的自主创新历史、杂交育种历史，因此应该从品质优良、熟期配套、品种多样等多角度综合衡量，加大科技投入力度，创新育种技术，培育出适宜山东省果业发展和市场需求的高品质新品种，并对新品种开展试验示范和标准化生产技术推广。同时重视设施果树产业的转型升级，借助科技扶贫政策带动农民致富。在种苗质量方面，要保障山东省内种苗培育和供应的健康发展。草莓栽培每年都需要购买新苗木，种苗的质量直接决定产业的生产状况，因此要积极利用科研成果，保障标准的脱毒种苗供应。我们也可以通过示范基地开展种苗培育的技术示范，为果农提供育苗技术服务，提高种植户的育苗和种苗质量的整体水平，从而从根本上解决种苗质量问题。

分析：

1. 研读上面的水果市场调查报告。
2. 分析并掌握水果市场调查报告的要点。
3. 修改与评价本组所撰写的市场调查报告，主要从以下三个方面进行评价：

①调查报告的主题；

②调查报告的选材；

③调查报告是否能够运用统计数据、统计报表、统计计算说明观点。

思考：该案例呈现的调研元素有哪些？

评　价

（一）任务评价活动

市场调研活动全过程复盘，沉淀经验、发现新知。学生通过自评、互评、教师评价提升认知。见表1.3-6。

表1.3-6　实施市场调研任务活动评价

活动步骤	活动内容
材料、设备工具准备	评价标准，纸，笔；相机，每组一台能上网的电脑。
查看标准并评价	1. 阅读评价标准； 2. 给自己的调研方案和调研报告评分，给其他人的调研方案和调研报告评分，写下评分依据； 3. 汇总分数，求平均值，整理评分依据。
成果展示	1. 分享评价、感悟； 2. 发布调研结论。
作业	1. 每组提交评价结果； 2. 每位同学提交评价过程及心得。

（二）知识基础

关于市场调研任务的评价标准见表1.3-7。

表1.3-7　对市场调研活动的评价标准

评价内容	评价标准	评价依据（信息、佐证）	评价方式 自评 0.2	评价方式 他评 0.3	评价方式 教师评价 0.5	权重	得分小计	总分
职业素养	1. 遵守各项法律法规及活动管理规定； 2. 工作认真主动、善于思考、积极发言； 3. 团结协作、互帮互助。	1. 活动参与情况； 2. 考勤表； 3. 资料真实性。				0.3		

（续表）

评价内容	评价标准	评价依据（信息、佐证）	评价方式 自评 0.2	评价方式 他评 0.3	评价方式 教师评价 0.5	权重	得分小计	总分
专业能力	1. 能理解市场调研的作用，掌握调研流程； 2. 能组织研讨，编写调查问卷、调研方案； 3. 能实施调研，运用网络查询、收集、筛选资料，能实地访谈； 4. 能处理分析调研数据，整合调研资料； 5. 能编写调研报告； 6. 能组织复盘研究，进行活动评价。	1. 调研实施方案； 2. 调研报告； 3. 调研过程记录。				0.7		

注：评价分值均为百分制，小数点后保留一位；总分为整数。

模块二　项目规划

任务目标

1. 了解项目规划的意义；
2. 学会项目规划的流程；
3. 通过项目规划学习，能设计出科学的可行性项目规划书，适合项目更好地落地；
4. 要因地制宜、严谨认真地进行项目规划。

任务书

通过市场调研论证、科学分析，确定建设一座年生产能力为300万株的蔬菜育苗场，运用智能温室进行育苗，完成该项目的规划设计任务。（该任务建议10学时）

工作流程与活动

准备阶段与选址，制定方案（现场考察项目地、设计场地功能区、编制项目落实计划、预算项目资金），评价。

项目一　准备阶段与选址

以小组为单位，研讨项目规划包含的现场考察项目地、设计场地功能区、编制生产计划、预算项目资金等各类内容，收集每类内容的详细部分及相关数据资料，因地制宜选择项目地址，为编写规划方案提供素材，确定完成规划的时间，形成规划方案。见表2.1-1。

表 2.1-1　准备与选址活动

活动步骤	活动内容
材料、设备工具准备	接受任务，准备纸、笔，预习查找资料、教材等；相机，每人一台能上网的电脑，多媒体教室，交通工具。
小组研讨	1. 小组讨论，确定规划包含的现场考察项目地、设计场地功能区、编制生产计划、预算项目资金等各类事项； 2. 明确小组成员任务分工； 3. 选择项目地址。
选址	1. 考虑当地蔬菜种植面积及秧苗流通可能辐射情况； 2. 现场查看场址土地性质、位置、地形、水源、周边建筑物及高大植物； 3. 检测水质； 4. 预留未来扩展空间，劳动力资源充足等。
成果展示	1. 分享讨论成果、感悟； 2. 形成规划方案大纲； 3. 选址说明。
作业	1. 每组提交规划方案大纲； 2. 每位同学提交过程及心得。

知识基础

蔬菜育苗基地以优质商品苗为主要产品，整合人才、土地、技术、机械等多种资源要素，最终目标是实现社会、经济效益的最大化。通过科学的规划设计，明确基本建设条件，确定投资规模水平，优化结构配置和功能布局，降低无谓损耗和经营风险，对育苗场高效运转和未来发展至关重要。

下面介绍如何选择项目场地。

育苗基地的选址需要考虑多个方面，应进行详细的调研和政策咨询。可结合当地蔬菜种植面积及秧苗流通辐射情况来进行，蔬菜种植面积关系到所需秧苗的数量，秧苗流通辐射情况关系到秧苗运输距离，因此育苗场建设应充分考虑这两个因素；可依据土地性质、地理位置、地形地块、水源及水质、劳动力来源、可扩展性等方面初步确定育苗场场址。

1. 土地性质

在政策层面上，应符合土地的中长期使用规划，不宜将集约化育苗基地安排在粮食功能区，育苗场一般为设施农用地。

2. 地理位置

要交通方便，电力供应充足；与蔬菜规模种植区域有一定的间隔距离，可距离大型种植基地 5~10 km，以降低育苗期间病虫害的风险；考虑秧苗辐射面，育苗基地最好建设在蔬菜产业集聚区 1 h 左右交通圈内，销售量占年出苗量的 90% 以上为宜。

3. 地形地块

选择地势平坦、开阔，高燥，无污染，尘埃少，受台风影响小，不易受淹的区域；场址应满足建设工程需要的工程地质条件，且光照条件好，临近育苗温室东、南、西三面不得有高大建筑物及其他影响育苗温室采光的设施；方形地块更有利于集聚育苗场各组成部分，缩短育苗场内部的运行距离；1%~2% 的坡度更有利于排水，坡度大于 15% 则不利于土壤保持。

4. 水源及水质

育苗离不开优质充足的水源，无论是地下井水、水库贮水，还是蓄积雨水、河流水，育苗水源必须具有适宜的 pH 值、EC 值、硬度、钠离子、氯离子、重金属离子等，还不能有病原物、水藻等污染。

表 2.1-2　蔬菜育苗用水质主要参考指标及范围

项目	适宜范围	项目	适宜范围
S（S^{2-}）	≤1 mg/L	N（NO_3^-）	<5.0 mg/L
P	0.005~5 mg/L	Cu	<0.2 mg/L
K	0.5~10 mg/L	Na	<50 mg/L
Ca	40~100 mg/L	Al	<5.0 mg/L
Mg	30~50 mg/L	Mo	<0.02 mg/L
Mn	0.5~2 mg/L	Cl（Cl^{1-}）	<100~150 mg/L
Fe	2~5 mg/L	F	<0.75 mg/L
B	<0.5 mg/L	pH 值	6.5~8.0
Zn	1~2 mg/L	EC 值	<0.75 mS/L
硬度	含 $CaCO_3$ 100~150 mg/L	碱度	含 $CaCO_3$ 37.5~65.0 mg/L
SAR	2 meq/L		

注：参照中华人民共和国国家标准［《农田灌溉水质标准》（GB 5084—2021）］第三类蔬菜作物和美国温室作物生产水质要求。SAR 指 Na^+ 的吸收率，当浓度超过 40 mg/L，SAR 将大于 2 meq/L，降低 Ca^{2+}、Mg^{2+} 的利用率。EC 值：0~0.25 mS/L，纯水，无盐害；0.2~0.75 mS/L，正常，较少发生盐害；0.75~2.00 mS/L，可能会造成盐害；2.00 mS/L 以上，极容易造成盐害。

5. 可扩展性

育苗场占地面积应以 2~4 hm^2 为宜，以备今后发展。初始设计应当考虑将来的规模扩展。

6. 场地勘查

踏勘。在经营者和施工人员陪同下，到初步确定的育苗场地进行实地踏勘和调查访问工作，了解场地的历史、现状、地势、土壤、植被、水源、交通、病虫害，以及周围的环境。

测绘地形图。平面地形图是进行育苗场规划设计的依据，比例尺要求为1/500~1/200，等高距为20~50 cm。与设计直接有关的山丘、河流、湖泊、水井、道路、房屋、坟墓等地形地物应尽量绘入，对场地的土壤分布和病虫害情况亦应标清。

病虫害调查。主要调查场地内的地上、地下病虫害。一般采用抽样方法，每公顷取土样10个，每个面积0.25 m²，深10 cm，统计害虫数目，并通过场地种植作物和周围植物病虫害发生情况判断病虫害发生程度，提出防治措施。

气象资料的收集。向当地的气象台或气象站了解有关的气象信息，如生长期、早霜期、晚霜期、晚霜终止期、全年及各月平均气温、绝对最高和最低气温、表土层最高温度、冻土层深度、年降水量及各月分布情况、最大降水量及降水历时数、空气相对湿度、主风方向等。

表2.1-3 某地气象资料

气象信息	数 值
生长期	206 d
早霜期	10月25日左右
晚霜终止期	4月1日左右
全年平均气温	13.3~14.8 ℃
最高气温	40.8 ℃
最低气温	-19.4 ℃
年降水量	597~820 mm
冻土层深度	0.37 m
主风方向	东南风

项目二　制定规划方案

以小组为单位，根据项目规划大纲（现场考察项目地、设计场地功能区、编制生产计划、预算项目资金等），收集相关数据资料，分析、筛选形成各部分资料，汇总各部分内容，形成规划方案。见表2.2-1。

表2.2-1　编写规划方案

活动步骤	活动内容
材料、设备工具准备	规划方案大纲，纸、笔，预习查找的资料、教材等；相机，每人一台能上网的电脑，多媒体教室，每组一套绘图工具。
小组分工查找、分析、汇总资料	1. 在组长带领下，小组成员领取分工任务； 2. 查找、分析资料，形成方案各部分的初稿； 3. 执笔人汇总方案各部分的初稿，形成规划方案初稿。
成果展示	1. 小组代表分享规划成果、感悟； 2. 修改规划方案。
作业	1. 每组提交规划方案； 2. 每位同学提交工作过程及心得。

知识基础

（一）设计场地功能区

1. 设计原则

（1）规模适度原则

确定育苗场建设规模时，应以项目建设地区的市场需求、资源条件、技术水平和投资环境为依据，结合建设单位的管理水平及经济技术状况合理确定。一般以年育苗量3 000~5 000万株为佳，建设苗床面积0.5~1.0 hm^2，育苗温室面积0.67~1.33 hm^2，可满足800~2 700 hm^{2}蔬菜种植。

（2）循序渐进原则

根据生产需求和销售情况，育苗规模应由小到大，设备配置逐步完善，杜绝在育苗伊始技术水平不甚精准、市场信息掌握不全的条件下，贪大求洋，一次性巨额投资。第一期育苗温室有效面积以8 000~10 000 m^{2}为宜。

（3）节能高效原则

应根据蔬菜商品苗应茬生产与需求量，选择以建设连栋温室为主，配套节能高效日光温室、塑料大拱棚，以及与各设施相配套的育苗设备。

（4）功能多样原则

应本着以一季为主，全年开发；以一类苗为主，多类苗并存；以菜苗为主，也育其他有价值的秧苗的原则，如园林花卉种苗，也可适当短期生产特色叶菜。还可展开新品种比较试验、新技术研发、信息网络服务等工作。而且，为了增加收益，要强化服务，扩大影响，扩展良种、农药、肥料等农资销售功能。

2. 项目构成

育苗场的项目构成主要包括生产设施、辅助生产设施和配套设施。

项目区总体布局应遵循以下原则：

①育苗场建设应符合场区总体布置要求，保证工艺流程运行顺畅、生产系统完整；

②布局应与基础设施现状相协调；

③育苗日光温室宜采用坐北朝南、东西延长方向布置，根据建设地点所处地理纬度和气候条件，也可采用南偏西方位，偏角不应大于10°，而育苗塑料大拱棚（冷棚）宜采用南北延长方向布置，可有一定偏角，但不应大于10°；

④育苗车间应尽量靠近育苗温室，以方便作业；

⑤场区道路应与周边主干道路相连，方便各区交通运输；

⑥水源选取及布局应满足所有育苗温室灌溉用水需求；

⑦根据用电设备位置布置电源箱，尽量节省电线电缆；

⑧育苗温室周边应布设排水沟，排水沟与道路相交位置应安排桥、涵等渠系建筑物，保证排水通畅；

⑨辅助生产设施、配套设施应临近生产设施，遵循用地合理、交通方便的原则。

3. 建设用地与总体布局

生产设施是育秧过程中最重要的部分，其建筑面积占育苗场总建筑面积的87%以上。辅助生产设施及配套设施应按照实际用地需要并结合场区现有建筑物而定，生产设施、辅助生产设施和配套设施的建筑面积之比约为40∶1∶5。见图2.2-1。

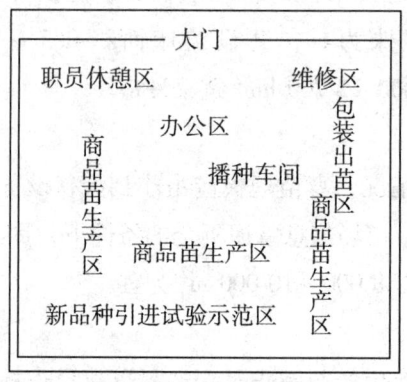

图2.2-1 育苗场平面布局

(1) 生产设施

育苗场生产设施包括育苗车间和商品苗生产区，是育苗场技术和投资的核心区、关键区，也是占地主体。

播种车间是为幼苗培育提供直接服务的设施设备，为育苗工艺的准备阶段和播种阶段服务，一般包括以下部分：

①基质处理区：是按比例配比基质、加入基肥并进行搅拌、混合、消毒的场所，主要配套设备有基质输送机、搅拌机、消毒机。穴盘育苗一般为批量生产，基质用量较大，除了要有存放基质和放置基质搅拌机、基质消毒机的空间外，还要留出一定的作业空间。

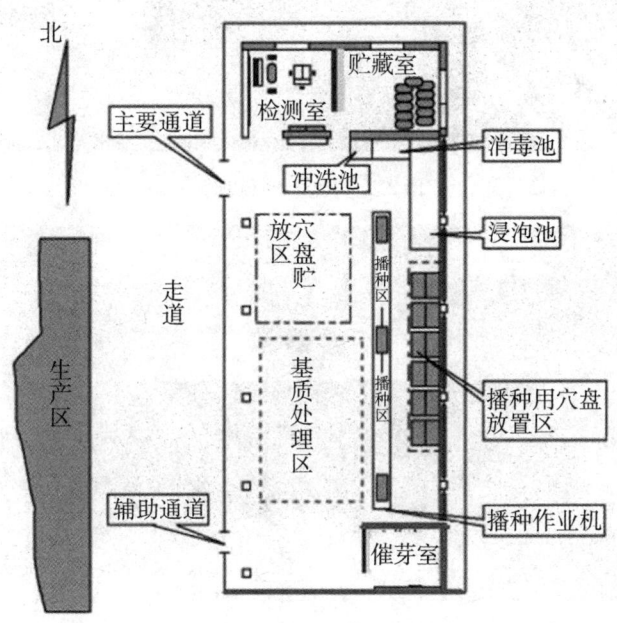

图 2.2-2 播种车间内部平面布局

②播种区：可以是穴盘摆放—基质填充—打孔—播种—冲淋—覆盖—传送流水线精量播种机，也可以是以单一播种机辅以人工混合作业，甚至是全人工播种，其是放置自动化精量播种生产线进行集约化播种的场所。播种车间要通风良好，有水源和电源。

③催芽室：是专供种子催芽、出苗的设施，为可控温、控湿的封闭式空间。催芽室要求有温湿度控制设备，并配套可多层放置穴盘的催芽床。催芽室面积约为育苗温室苗床面积的 5%~10%，若育苗温室苗床面积为 6 000 m²，则催芽室面积只需要 300~600 m²。

④穴盘处理区：用于对回收的穴盘进行清洗、消毒、浸泡等处理，由相互分隔的混凝土或不锈钢池组成，以便再次使用，配套设备为清洗机。

⑤穴盘贮放区：主要放置新购、洁净的空穴盘。

⑥检测室：做种子萌发试验、基质理化性质测定等用，也可兼做播种车间的办公室。

⑦贮藏室：是可闭锁的小屋，内部存放现用的种子、农药、肥料、小型易损零部件等。

图 2.2-3 自动播种机

图 2.2-4 催芽室

（2）配套设施

为育苗生产提供保障的设施，包括大门、办公楼区、暖通设施、灌排系统、供配电设施、道路等。

育苗场配套工程应满足育苗工艺需要，并与主体工程相适应。配套工程应布局合理、便于管理，并尽量利用当地现有条件，且选用高效、节能、低噪音、少污染、便于维修、使用安全可靠、机械化水平高的设备。

①大门。育苗场留给来访者的外观印象直接影响商品苗的销售业绩，大门不仅是育苗场的出入口，还是展示育苗场形象的重要窗口。大门周边应保持整洁，绿植井然有序，外墙设立告示牌描绘说明育苗场的经营项目，使来访者一目了然，并临近和直达办公区、装载区。

②办公区（楼）。办公区内的外来业务和内部业务比较集中，应标识清晰。办公区

提供政务管理、物流管理、财务管理、信息管理、分析检测等场所，还应为来访者提供停车位。销售室外或走廊张挂经营科目的样图及可能的详细说明，甚至实物展示，这样会极大地节约客户和销售人员的时间。办公区周边应有指向各区域的路标，便于外来客户和内部职员快速到达各目标区。

③暖通设施。当室内温度过低时，可在苗床下安装供暖管道，采用热水循环供暖加温，也可采用热风炉采暖；当室内温度过高时，主要采用自然通风的方式降温，定期打开后窗、棚膜通风，也可采用湿帘、风机装置降温。内、外遮阳系统用于调节室内温度。如需设置锅炉房，其设计规划应根据生产设施、辅助生产设施、配套设施和管理建筑情况统筹考虑。

④排灌系统。排灌系统是育苗场的重要组成部分，应根据地形特点（如地块坡度）、道路布局、育苗场各功能分区设计排灌系统。地势低、地下水位高及降水量多而集中的地区，排水系统的设计尤为重要。排水系统应雨、污分流，由大小不同的排水沟组成。排水沟分明沟和暗沟两种，明沟较多。灌溉系统包括水源、提水设备和引水设施三部分。水源主要有地面水和地下水两类，提水设备多使用抽水机（水泵），可根据育苗场育苗需要选用不同规格的抽水机。引水设备有地面渠道引水和暗管引水两种，明渠即地面引水渠道，管道灌溉即主管和支管均埋入地下，其深度以不影响机械化耕作为宜，开关设在使用方便之处。可建造液体储存池（罐），预先将地下水储入池中，经阳光照射使温度接近室温再浇灌，避免低温季节冷水伤苗。储水池必须加盖，防止污物进入，同时避免阳光直射，防止藻类滋生。

⑤用电负荷。育苗场的育苗设施、锅炉房电力负荷等级应为二级，其余用电负荷为三级。

⑥道路系统。主干道是育苗场内部和对外运输的主要道路，多以办公室、管理处为中心，设置一条或相互垂直的两条路为主干道，采用硬化路面，宽6~8 m。二级路通常与主干道相垂直，与各耕作区相连接，一般宽4 m，其标高应高于耕作区10 cm；三级路是沟通各耕作区的作业路，一般宽3 m。

⑦围栏和防风带。育苗场可能存在牲畜（如牛、马、猪等）、人为破坏，育苗场外围可设置铁丝网、木制围栏。有时，为了保护办公区或维修区环境安全，防止闲散人员的干扰或行窃，也可以在育苗场小范围内设置围栏。在育苗场的上风口种植杨树、松树、柏树等，能够有效地防止强风侵袭，稳定育苗场内部气流，减少强风危害。通常，防风带宽5~9 m，由3~5行树木组成，并且树种应尽可能高（乔木）、矮（灌木）结合。

（二）编制生产计划

生产计划是根据市场需求对蔬菜育苗工厂人力和物质资源进行合理配置和使用，以达到最有效地生产出市场所需要的蔬菜秧苗的一种安排。

蔬菜秧苗作为一种特殊的商品，它的应时性非常强，因此，必须按需定产，科学编制蔬菜秧苗生产计划。

1. 计划制订的内容

（1）确定蔬菜秧苗生产计划指标

确定生产计划指标是制订生产计划的中心内容。生产计划安排的品种、规格、质量、数量、供货期、生产任务的饱和度即最大生产能力，生产者应该是心中有数的，而且每年的变化在不增加设施设备的前提下也不会很大，生产者可以根据上年的实际完成情况来确定。除了保证合同任务的完成外，主要应依据市场需求的变化及时预测并对当年的生产任务做适当调整。

（2）安排蔬菜秧苗的出产进度

生产计划总量指标确定后，需进一步将全年的蔬菜秧苗总产量指标按品种、规格和数量安排到各时间点，制订出具体的蔬菜秧苗出产进度计划，以便具体指导育苗工厂的生产活动，保证交货期，实现均衡生产。

对接受并签订的每一份订单，均需要根据供苗时间，列出各个育苗环节的时间表，明确责任人。对于大批量的订单，特别是嫁接苗订单，宜确定一个供苗时间范围，在育苗数量上应留有余地。整个育苗过程应有跟踪机制，建立质量可追溯制度。

（3）财务计划

从经济核算角度预测当年生产任务完成后的经济效益及经济效果，其中包括产品成本、经济效益及投入产出比的计算，以此进一步监测生产任务确定的合理性。如在效益上达不到预定目标，应该对生产计划做局部调整。

2. 制订计划的原则

（1）应留有余地

特别是对合同任务的完成应有较大的安全系数，一般为15%~20%。即使在育苗设施、设备条件较为先进与完善的条件下，育苗中也避免不了一定的风险和不可预测的问题。

（2）考虑到生产潜力

为了获得更大的育苗经济效益，在计划制订过程中应考虑到生产潜力的挖掘。要尽可能节约能源、物资及资金的投入，同时应尽可能提高现有设施、设备的利用率，育出更多更好的秧苗。这是提高育苗企业经济效益的重要途径之一，它不仅与管理工作有关，而且更重要的是从改进技术或设施、技术合理组合上想办法，既保证秧苗的质量，又能增加产值和效益。

（3）提高经济效益和市场知名度

在依据市场需求及合同要求确定生产任务的同时，还应充分发挥本单位资源（特别是种质资源)优势及设施、技术优势,生产批量的拳头产品,以提高经济效益及市场知名度,如培育具有特殊优良品种的秧苗或抗病力较强的嫁接苗等。这样,育苗企业在秧苗生产中才会有自己的特色,从而为扩大经营规模及占领市场创造有利条件。

3. 计划制订

工厂化育苗生产系统的生产运营过程主要包括接纳客户订单、安排生产计划、种子采购、播种、催芽、苗床育苗和包装发货7个主要阶段。下面以生产黄瓜嫁接种苗为例,进行生产计划制订。交货日期为11月8日,交货量为3万株,需要长期工2名,临时用工14名,可计算得到月生产计划和原材料需求计划如下:

表2.2-2 月生产计划

交货量/株	交货时间	播种量/粒	播种日期	催芽时间	嫁接时间	嫁接后管理	出苗时间
30 000	11月8日	南瓜、黄瓜各34 500	南瓜:9月25日 黄瓜:9月29日	9月25日~ 9月28日	10月7日	遮阴、适宜温度、湿度、肥水、防病	11月8日

表2.2-3 原材料需求计划

种子		穴盘		基质	催芽室	苗床		包装纸盒	专用肥料	农药
数量/粒		规格/穴	数量/个	数量/L	数量/间	规格	数量/个	数量/个	数量/kg	数量/g
黄瓜 34 500	南瓜 34 500	50	690	2 300	1	1.2 m×32 m	3	160	10	500

注:基质为每包200 L可装60盘。

(三)预算项目资金

经济分析与评价是决定蔬菜育苗项目投资命运的关键,它是项目可行性研究的核心部分。蔬菜育苗的经济分析与评价主要是从育苗场地的角度进行项目财务评价,判断项目投资在财务上的可行性。

1. 项目资金分析

蔬菜育苗项目资金主要包括固定资产投资、流动资金和建设期利息。固定资产投资主要包括育苗工厂的土建工程费、设备及工器具购置费、安装工程费、工程建设其他费用等;流动资金主要指育苗工厂建设投产后,为维持正常的生产经营活动所需要的资金;建设期利息主要指在建设过程中各种借款资金的利息。

2. 蔬菜秧苗生产的成本构成分析

成本指项目在一定时期内的生产经营活动中为生产和销售产品而花费的全部费用。秧苗成本构成如图2.2-5。

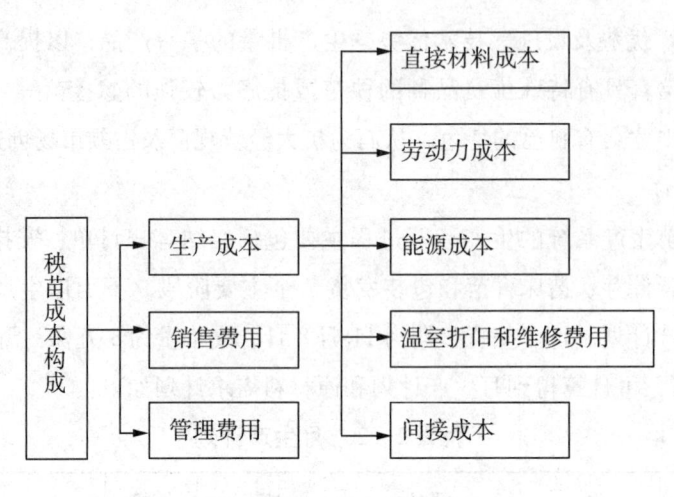

```
                    ┌─→ 直接材料成本
                    │
                    ├─→ 劳动力成本
         ┌─ 生产成本 ─┤
秧        │          ├─→ 能源成本
苗        │          │
成 ──────┤          ├─→ 温室折旧和维修费用
本        │          │
构        ├─ 销售费用  └─→ 间接成本
成        │
         └─ 管理费用
```

图 2.2-5 秧苗成本构成图

（1）生产成本（C生）

生产成本主要指为维持温室大棚的正常生产而发生的各种直接费用和间接费用，主要包括直接材料费用、用工费用、能源消耗费用、温室折旧和维修费用，以及间接费用等。

①直接材料成本（C材）。其主要包括种子、基质、肥料、育苗穴盘等秧苗生产的必需物资。

②劳动力成本（C劳）。其主要包括直接从事蔬菜秧苗生产活动人员的工资、奖金、补贴，以及按规定比例的职工福利费用等。

③能源成本（C能）。其主要包括温室大棚在运行过程中水、电、暖等的能源消耗，在蔬菜工厂化育苗生产成本中所占的比重较大。蔬菜秧苗生产通常是在反季节进行加温、降温、补光、湿度等多环境因子的调控，都是能源消耗的过程。特别是北方地区冬季温室的加温、南方地区夏季温室的降温，能源消耗都比较大，这会直接影响秧苗的生产成本。因此要正确地选用能源的类型，以降低温室的蔬菜育苗成本。

④温室折旧和维修费用（C折修）。其主要包括温室设备折旧费、修理费用等。温室是育苗的主要设施，也是最大的投资部分，温室折旧和维修费用在蔬菜育苗生产成本中所占的比重较大。由于温室所需的结构、材料和建筑施工的不同，温室的造价、使用年限、环境控制能力、能源消耗等方面都存在很大的差异。如果引进国外的先进技术，建造现代化的智能温室大棚，那么造价就比较高；而建造简易的温室大棚，造价就比较低。温室初始投入的高低和折旧成本的高低没有必然联系，造价高的温室使用年限长，折旧成本未必高；相反，造价低的温室使用年限较短，但维护费用高，也会提高育苗成本。因此，育苗温室及附属建筑不仅要考虑技术上的先进性，更应考虑经济上的合理性、推广应用的可行性。

⑤间接成本（C间）。其主要指为组织秧苗生产所发生的共同费用和不能直接列入

产品成本的各项费用。

则：C生 = C材 + C劳 + C能 + C折修 + C间。

（2）销售费用（C销）

销售费用指为了蔬菜秧苗销售而发生的各项费用，包括运输、装卸、包装、保险、广告、损失和销售服务费用等。

（3）管理费用（C管）

管理费用指育苗工厂行政管理部门为管理和组织生产经营活动而发生的各项费用。

蔬菜工厂化育苗的总成本：C = C生 + C销 + C管。

在蔬菜工厂化育苗初期，广告费用、用户的技术指导与服务费用、员工的培训费用等需要较大的投入，这对树立蔬菜育苗企业的良好形象、打造蔬菜秧苗的品牌、提高员工的素质等是非常必要的。一旦企业培育出优质的品牌，将会大幅度增加企业的无形资产，扩大蔬菜秧苗的市场占有率，提高育苗工厂的经济效益。

3. 育苗场的经费预算

根据经验，现提供两种投资规模的育苗场经费预算方案，以供参考。

表2.2-4　大型现代化育苗场投资预算

占地面积			3.33 hm²
设计蔬菜、花卉商品苗能力			2 000万株/年
经费总预算			1 000万元
主要配套设施			
a. 土建工程			
精量播种车间	100 m²		10万元
基质料与育苗盘仓贮室	200 m²		10万元
催芽室	50 m²		6万元
营养液调配室	30 m²		4万元
锅炉房	300 m²		33万元
小计			63万元
b. 育苗温室			
连栋温室	1 hm²		350万元
节能日光温室	0.33 hm²		35万元
小计			385万元
c. 育苗配套设施			
育苗床架	75万元/hm²	1.33 hm²	100万元
喷水系统	5万元/套	20套	100万元
供水系统外管线	1 000 m		50万元

（续表）

育苗盘	600 元/箱	500 箱	30 万元
小计			280 万元
d. 供暖系统			
4 吨水暖锅炉	40 万元/台	2 台	80 万元
供暖外管线与暖气片			90 万元
小计			170 万元
e. 其他			
动力系统（不包含增容）			40 万元
育苗盘清洗设备			5 万元
营养液母液罐			2 万元
拖车、叉车、运苗车各 1 辆			25 万元
移栽机	2 台		30 万元
小计			102 万元

表 2.2－5　小型育苗场投资预算

占地面积		2 hm²
设计蔬菜商品苗生产能力		600 万株/年
经费总预算		300 万元
主要配套设施		
a. 土建工程		
催芽室	30 m²	5 万元
锅炉房	100 m²	10 万元
连栋温室	0.2 hm²	75 万元
节能日光温室	0.47 hm²	45 万元
小计		135 万元
b. 育苗配套设施		
育苗床架	75 万元/hm²　0.67 hm²	50 万元
喷水系统	2 万元/套　10 套	20 万元
育苗盘	600 元/箱　300 箱	18 万元
小计		88 万元
c. 供暖系统		
2 吨水暖锅炉		30 万元
供暖外管线与暖气片		40 万元
小计		70 万元
d. 其他		7 万元

项目三 建设场区

以小组为单位,进行场区基础建设,依据场区规划设计,寻找建设单位,进行基础设施建设。结合生产特点,地下管道设施填埋结束后,首先建设生产场所,之后再建设配套设施。见表2.3-1。

表2.3-1 场区建设活动

活动步骤	活动内容
材料、设备工具准备	场区规划图,纸,笔,预习查找的资料、教材等;相机,每组一个沙盘,教室。
小组模拟场区建设	1. 小组讨论,确定建设事项; 2. 地下管道设备掩埋; 3. 生产设施建设; 4. 配套设施建设; 5. 项目验收。
成果展示	1. 分享讨论建设过程、感悟; 2. 建设完工全景照片。
作业	每位同学提交建设过程及心得。

一、知识基础

(一) 建设注意事项

①场区建设注意事项:智能温室、日光温室、地下管道肥水供应、排水管道等设施设备技术要求高,由专业公司承建。承建公司需要具备独立设计、建设及保障后续服务等能力。

②水源地处园区较高位置,水质达标。

③园区内交通方便,货物、产品存放规范。

④园区生产期间,每百亩地至少配备种植技术指导员和病虫害防治技术员各一名。

(二) 温室建设

以现代化连栋智能温室的建造为例。

1. 施工现场准备

施工前应事先勘查施工现场,严格检查施工现场的水、电、基地情况,从而保证施工的顺利开展，主要包括以下内容：

(1) "三通一平"

按照施工总平面图和施工设施规划要求，接通用水管线、电力设施，修好道路，清理工地范围内妨碍施工的各种构筑物、障碍物等，根据建筑总平面图规定的标高和土方竖向设计图纸，进行施工场地平整。

(2) 抄平放线

按照施工总平面图及规划部门规定的永久性经纬坐标桩和水准基桩位置进行定位，确定定位桩；对基础工程进行放线和测量复核，最后放出所有建筑物轴线的定位桩；根据放出的基础边线，进行基础开挖。

(3) 建造临时设施

按照施工总平面图的布置，建造三区分离的生产、生活、办公和储存等临时房屋，以及施工便道、便桥、码头、沥青混合料、路面基层（底基层）、结构层混合料、水泥混凝土搅拌站和构件预制场等大型临时设施。

(4) 安装、调试施工机械

按照施工机械需要量计划，组织施工机械进场，并根据施工总平面图规划要求，将施工机械安置在规定的地点或仓库。对于施工机械，做好就位、搭棚、接通电源、组装、检修、保养和调试工作，并在项目开工前进行检查和试运转工作。

(5) 物资进场

按照施工机械需要量计划，组织物资分批进场，并根据施工总平面图规定的地点和方式进行储存和堆放；同时做好物资质量检验工作，保证各项物资的质量和数量都能满足要求。

2. 建造基础和墙裙

基础是建筑地面以下的承重构件，其承受建筑物上部结构传下来的荷载，并将这些荷载连同本身的自重一起传给地基。

温室基础一般为刚性基础，由抗压强度高、抗拉、抗剪强度低的材料建造。砖基础要求砖强度大于MU7.5，砂浆强度在M5以上；灰土基础石灰粉与黏性土混配比例为3∶7。根据基础构造形式，基础可分为条形基础、独立基础、筏片基础、箱形基础等。用于温室的基础主要以条形基础和独立基础为主。

(1) 条形基础

当建筑物上部采用砖墙或石墙承重时，基础沿墙身设置，多做成长条形，称为条形基础。在温室中，条形基础主要用于外墙下，除承受上部传来的荷载外，还起到围护和保温的作用。由于温室的墙体主要采用透光覆盖材料，为了增强温室的保温功能，常常将温室基础伸出地面以上200～500 mm。墙内立柱位置可砌筑尺寸大于180 mm×

180 mm×240 mm 的混凝土垫块,用砂浆强度不小于 M5 的水泥砂浆砌筑,垫块中预留钢埋件用于安装钢柱。跨度及上部荷载较大、地基较差的温室,为了增强温室的整体刚度,防止由于地基的不均匀沉降对温室引起的不利影响,在地面以上沿外墙浇筑钢筋混凝土圈梁,内构造配纵向钢筋≥4 mm φ10 mm、箍筋≥φ6 mm @ 250 mm,在圈梁顶面预留钢埋件与上部柱相连接。

(2) 独立基础

温室室内独立柱下基础一般都是独立基础。常用于温室独立基础的形式主要有现浇钢筋混凝土基础和预制钢筋混凝土基础;还有一些温室特殊用独立基础,如桩基和可调节基础等。

①现浇钢筋混凝土基础。现浇钢筋混凝土独立基础的形式一般采用锥形和阶梯形。基础尺寸应为 100 mm 的倍数,承受轴心荷载时一般为正方形,承受偏心荷载时一般采用矩形。其长宽比一般不大于 2,最大不超过 3。锥形基础可做成一阶或两阶,根据坡角的限值与基础总高度而定,其边缘高度不宜小于 200 mm,也不宜大于 500 mm。阶梯形基础的阶数一般不多于三阶,其阶高一般为 300~500 mm,具体要求可参考《钢筋混凝土基础梁》(国家建筑标准设计图集 04G320)、《条形基础》(国家建筑标准设计图集 05SG811)。

②预制钢筋混凝土基础。预制钢筋混凝土短柱,其截面一般为 200 mm×200 mm,柱长 900~1 100 mm。短柱内配有纵向钢筋及箍筋,其大小根据不同荷载计算而定。当上部传来荷载很小时,可构造配纵向钢筋≥4 mmφ10 mm、箍筋≥φ6 mm@ 250 mm;在短柱顶面预埋钢板,其大小一般为 150 mm×150 mm。施工时柱下采用标号不小于 C15 的现浇混凝土浇筑,其截面常用 600 mm×600 mm 的矩形或直径为 600 mm、埋深不小于 600 mm 的圆柱形。

③温室内部桩基。常规内部独立柱基础的做法是将一预制混凝土柱脚插入地下一定深度现浇混凝土块,即混凝土垫块中。混凝土块的尺寸依温室高度、连跨数量、斜撑数量、土壤性质等参数来确定。

3. 建造钢骨架

(1) 骨架结构的安装

①总体。温室骨架结构的安装应符合 NY/T 2970—2016《连栋温室建设标准》的规定。

②构件。温室钢结构构件必须由工厂加工、现场组装,构件之间宜用镀锌或不锈钢螺栓连接,不得采用现场焊接等破坏构件表面防腐镀层的连接方法。

③结构平面。在每个结构平面(侧墙、端墙、每排立柱和屋面)内,为防止平行四边形变形,必须加装适当的斜支撑或拉索。

④天沟。用镀锌钢板压制成型，接头部位的接缝和铆钉孔、螺钉孔均需涂密封胶，不得有滴漏现象，天沟的断面大小和安装坡度应根据当地降雨的强度和天沟的长度来具体确定。

⑤误差。温室骨架安装后，整体结构应紧凑、整齐，各立柱在纵横两个方向的垂直度误差不大于10 mm，横梁的直线误差不大于20 mm，垂直吊杆相对位置误差不大于20 mm。

⑥连接。板件与骨架构件的连接，铆钉的规格和间距应与被连接件匹配，满足连接强度要求。

4. 安装覆盖材料

（1）内外遮阳系统的安装

内外遮阳系统的安装基本相同，只是幕布的种类不同。外遮阳的安装，首先要在天沟和桁架式屋面托梁上安装外遮阳支架；内遮阳需要在温室内部安装托架，然后在支架上绑扎托压幕线。在施工中，托幕线必须尽量绷直并进行可靠的固定。

用蛇形卡簧将内外遮阳幕布的活动边固定在专用的铝型材上，在实际安装过程中一般还应该在铝型材上装有导向及收拢遮阳网的配件（定位卡），从而使遮阳网能在规定的轨道内更好地运行。

将内外遮阳幕布的传动杆与外遮阳开闭系统的齿轮齿条按照施工要求连接在一起，用减速电机来控制温室遮阳幕布的开闭。

（2）玻璃的安装

现场安装玻璃时，要合理安排工序，认真检查钢结构的质量，确认合格后再进行铝型材的安装。对于铝型材作为支撑构件的温室屋面（连栋全玻璃温室），应严格按照屋面的尺寸裁切玻璃，切不可按照惯例不测量直接定下玻璃尺寸；对于铝合金型材作为镶嵌结构的温室，在施工中可根据前期钢结构的安装预先装好铝合金型材，根据铝合金条的分割，现场确定玻璃尺寸。

铝合金作为玻璃温室主要镶嵌和覆盖支撑构件，其功能主要是用于玻璃等温室覆盖材料的支撑、固定。在玻璃的安装过程中，它与密封件配合，作为玻璃覆盖物密封系统的一部分，如顶窗、侧窗、门等部位。

密封胶条作为密封件与铝合金配合使用，达到减少震动、增加密封性的目的。在实际的设计中，应结合温室建造地区的气候特点，正确选择适宜的材质，以满足其抗老化和易安装的特点。一般橡胶密封件的材质为氯丁橡胶和乙丙橡胶。铝合金型材与温室骨架一般通过螺栓、拉铆钉等固件固定，也有通过专用连接件固定的。

5. 安装温室配套系统

(1) 通风系统

①自然通风系统。采用单向连续开窗形式，实现屋脊顶部两侧开窗，配有齿轮齿条电动开窗通风机构，总通风窗率为30%左右，使温室内外空气形成对流，达到除湿降温的效果。通风设备的安装主要是自动化开窗设备的安装，包括减速机的安装、传动轴及传动齿轮的安装。

②机械通风系统。根据不同温室的实际情况，安装内容有一定差异。

③风机的安装。按照设计的要求和钢骨架上预留的位置，用螺栓将风机固定在钢骨架上，风机与钢骨架的结合部位用橡胶条密封。

④环流风机的安装。室内循环风扇按平行式布置，悬挂在室内骨架上。当风扇开启时，室内的空气将在其作用下形成有序的流动，避免直接吹至植物表面，也便于室内生产和操作。

(2) 湿帘的安装

主要由湿帘、供水系统、风机及配件组成。湿帘安装在温室的北墙上，风扇安装在南墙上，以避免湿帘遮光，影响作物生长。考虑到冬季温室的保温，在湿帘外侧加装推拉窗、齿条外翻窗等。

(3) 喷灌系统

大棚喷灌系统包括水源、过滤系统、施肥系统、测量表、输水管网、微喷灌灌水器等部分。喷灌设备的水源可以是邻近大棚种植区的江河湖泊、水库、池塘、溪水等，也可以是具备一定初始压力的自建蓄水池或者自来水。如果是自然水源，则需要水泵来取水，也可能需要增压设备来使水压满足灌溉需求。

喷灌设备的输水管道需要确定是倒挂喷灌还是地上喷灌，相应就需要将主管、支管进行吊装或地面铺设或地埋铺设，注意各个管道的管径大小要根据灌溉流量和喷头流量来选择，管道必须要满足灌溉流量的输水要求。倒挂式喷灌喷头根据指导人员指示进行安装，注意管道和喷头连接紧密，控制好高度；地插式喷灌喷头要保证地插牢固，喷头角度正确。

无论是倒挂式喷灌喷头还是地插式喷灌喷头，覆盖范围和喷头的安装间距都应该是喷灌设备安装之前进行计算设定好的，主管压力、支管压力、毛管压力、喷灌头处压力等也要在施工前规划好，在安装时就能根据喷灌设备的实际状况进行调整。

(4) 配电系统

电力设计要求：三相五线制，提供照明系统和动力系统，为保证温室生产的顺利运行和安全用电，温室配备一个综合配电箱，防护等级为IP45。电控箱放置于温室内部，带有自动和手动转换装置，以便于设备的安装及维修等工作顺利进行。每分区设计安装防水溅插座及照明灯,具备二相、三相插口。

(5) 供暖系统

连栋温室的供暖方式分为热水供暖、热风供暖、蒸汽供暖、电热供暖、辐射供暖和燃料燃烧供暖等形式。整个供暖系统的建造包括地下回水管路的铺设、散热器的安装和管路的组装。按散热器形式和安装位置的不同,有四周供暖、轨道供暖、抱柱供暖、生长层供暖、融雪管供暖等形式。用于生产种植的温室,可按其栽培作物和栽培方式的不同,选择以上各种供暖方式中的一种或几种的组合,如高效种植温室内可采用四周供暖、轨道供暖和生长层供暖等方式相结合。

(6) 智能监控系统

连栋温室的智能监控系统包括环境信息感知单元、传感通信网络、智能控制单元、监控中心等。环境信息感知单元由无线采集终端和各种环境信息传感器组成,通过无线采集终端以GPRS方式将采集的数据传输至监控中心。环境智能控制单元由测控模块、电磁阀、配电控制柜及安装附件组成,通过GPRS模块与管理监控中心连接。根据温室大棚内空气温湿度、土壤温度水分、光照强度等参数,对环境调节设备进行控制,包括内遮阳、外遮阳、风机、湿帘水泵、顶部通风、电磁阀等设备。监控中心由服务器、大屏幕显示系统及配套网络设备组成。

二、知识链接

(一)日光温室的建造

日光温室通常坐北朝南,东西延长,东、西、北三面筑墙,设有不透明的后屋面,前屋面用塑料薄膜覆盖,作为采光屋面。从前屋面的构型来看,日光温室基本分为一斜一立式(见图2.3-1)和半拱式;从后坡长短、后墙高矮不同,可分为长后坡矮后墙温室、高后墙短后坡温室、无后坡温室;从建材上,可分为竹木结构温室、砖石钢骨架结构温室、钢竹混合结构温室。

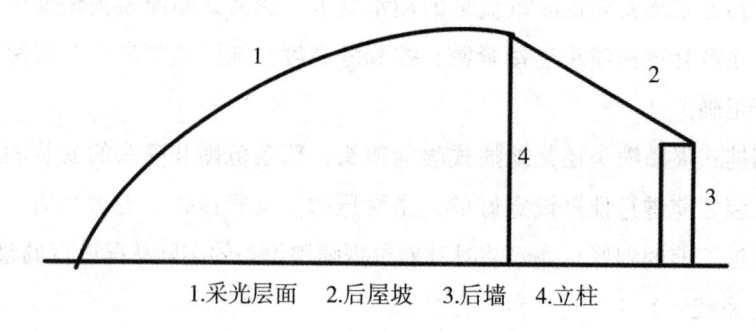

1.采光层面　2.后屋坡　3.后墙　4.立柱

图 2.3-1　一斜一立式结构示意图

砖石钢骨架结构温室是北方高寒地区广泛应用的一种高效节能日光温室形式,抗风性好、抗雪压强、牢固坚实、经久耐用。其规格根据各地纬度及气候情况各有不同,一般采用跨度为 10~12 m、高度为 4.0~4.6 m、后坡垂直投影为 1~1.2 m 的方式，脊高与后墙高度差 80~100 cm，后屋面仰角大于当地冬至正午时刻太阳高度角 5°~8°，前屋面为拱圆。

1. 地面与基础建造

（1）场地选择

选背风向阳，有水源和电源，东、南、西三面无高大树木或建筑物遮阳的地块。温室坐北朝南，东西延长。东西两栋温室间距为 3~5m，南北两栋温室间距以冬至日前后温室不遮光为宜。一般认为地面应有不大于1%的坡度为宜。

（2）基础建造

①基础的埋置深度。基础的埋置深度一般指从室外设计地面到基础地面的垂直距离。见图 2.3-2。

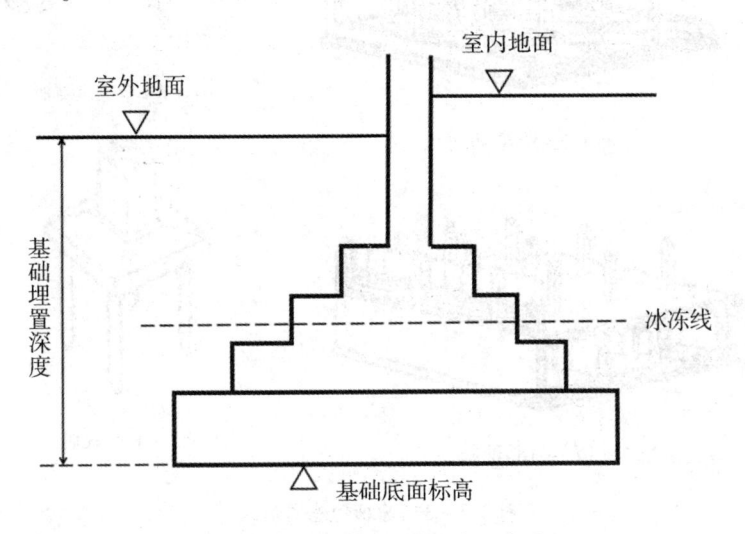

图 2.3-2 基础埋置深度示意图

影响基础埋置深度的因素主要有：建筑物的用途，有无地下室、设备基础和地下设施，基础的形式和构造；作用在地基上的荷载大小和性质；工程地质和水文地质条件；相邻建筑物的基础埋深；地基土冻胀和融陷的影响。

在满足地基稳定和变形要求的前提下，基础应尽量浅埋，但不应小于0.5 m。高层建筑基础的埋置深度应满足地基承载力、变形和稳定性要求。位于岩石地基上的高层建筑，其基础埋深应满足抗滑稳定性要求。在抗震设防区，除岩石地基外，天然地基上的箱形和筏形基础的埋置深度不宜小于建筑物高度的 1/15；桩箱或桩筏基础的埋置深度（不计桩长）不宜小于建筑物高度的 1/18。基础底面应在地下水位以上，当必须埋在地下水位以下时，应采取地基土在施工时不受扰动的措施。基础底面应位于冰冻线以下 100~200 mm，以免季节交替时冻融循环引起墙体沉降和倾斜。当存在相邻建筑物时，新建建筑物的基础埋深不宜大于原有建筑基础。当埋深大于原有建筑基础时，两基础间应保持一定净距,其数值应根据建筑荷载大小、基础形式和土质情况确定。

②基础类型。日光温室的基础主要以条形基础和独立基础为主。

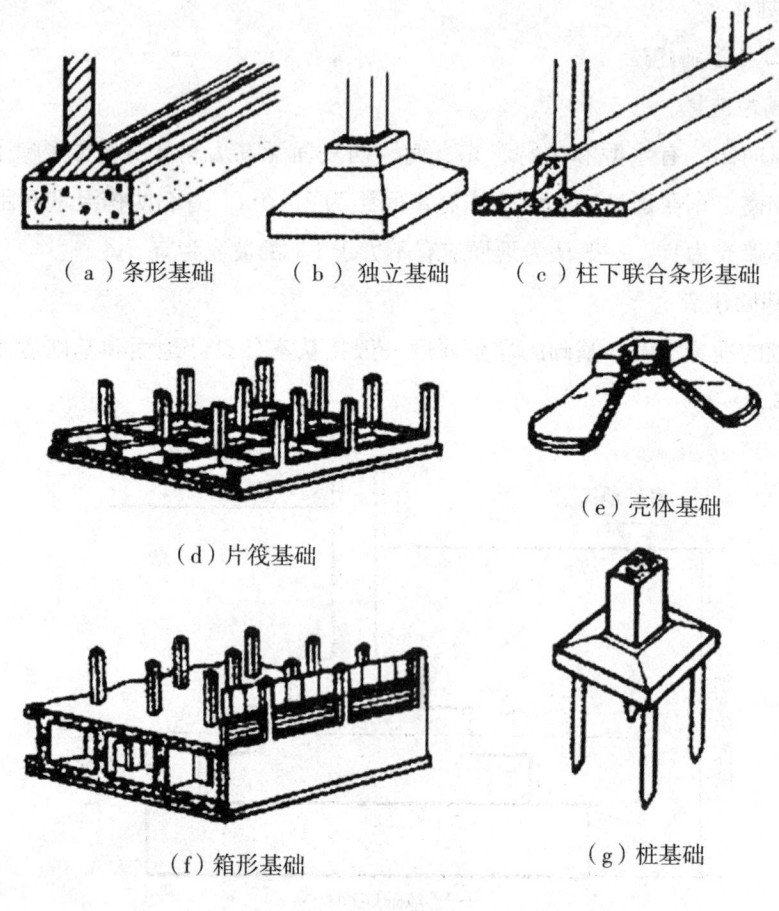

(a)条形基础　(b)独立基础　(c)柱下联合条形基础

(d)片筏基础

(e)壳体基础

(f)箱形基础

(g)桩基础

图2.3-3　基础的基本形式

③基础建造同智能温室的基础建造。

2. 温室墙体建造

在北方寒冷地区,温室工作间墙体一般为370 mm厚的黏土砖墙,温室部分的墙体应具有承重、蓄热、隔热、保温的功能,因此多做成多层异质复合墙体(见图2.3-4),两层之间要设φ12 mm拉结筋,水平和竖向间距为0.5 m,墙顶设现浇钢筋混凝土压顶。内、外层墙均采用240 mm厚的实心黏土砖墙,中间夹一定厚度的保温材料。

(1) 山墙和后墙的砌筑

外侧和内侧均为240 mm厚的黏土砖墙,中间为120 mm厚的聚苯板。两墙体用拉结筋连接,拉结筋垂直及水平间距为500 mm。砌筑墙体时,先立墙角,确定墙体横平竖直。盘角时采用大角,盘角每次不超过5层,进行吊靠检查。内墙砌到1 m高左右时，将聚苯板插入拉结筋再砌外墙。聚苯板尺寸一般为 1 m×2 m，取 60 mm 厚的两张交错重叠放置，提高保温效果。

（2）砂浆的使用

地面以下部分用 M5 水泥砂浆（水泥、砂子重量比为 1∶5）；地面以上，北墙 1 m 以内采用 M10 混合砂浆（水泥、石灰、砂子重量比为 1∶0.9∶5.4）；其余均采用 M5 混合砂浆（水泥、石灰、砂子重量比为 1∶0.55∶8.1）；墙体勾缝用 1∶1 水泥砂浆。

（3）门、窗口的砌筑

图 2.3-4　多层异质复合墙体

进行温室的门口砌筑时，对于先立口的门砌砖时要离开门框边缘 3 mm 左右，不要把门框挤得太紧；对于后塞口的门，应按弹线砌筑。温室后墙砌到 1.4 m 处，留有通风口，气窗尺寸为 400 mm×600 mm。见图 2.3-5。

图 2.3-5　山墙和门

（4）墙顶处理

后墙砌到标高时进行墙顶（见图 2.3-6）处理。用 70 mm 厚的钢筋混凝土压顶，内墙砌 240 mm 宽的两皮砖。外墙砌 240 mm 砖女儿墙，到标高处，最上面两层砖砌出墙体外 60 mm。山墙顶宽 600 mm，靠温室一侧宽 300 mm，做成与钢骨架弧度相同的弧形，另一侧做成踏步台，供工作人员上下屋顶使用。弧形侧顶端用膨胀螺栓固定一钢板条（40 mm×3 mm×7 800 mm）。在钢板条上固定卡膜槽，以便温室上膜后用蛇形簧固膜。

图 2.3-6　后墙和墙顶

（5）前墙砌筑

前墙以水撼混砂为垫层，垫层高 200 mm，在垫层上砌 360 mm 高的砖后，在顶端内侧采用 C20 混凝土打上钢筋混凝土地梁。地梁浇筑时，间距 850 mm 预埋 φ12 mm 钢筋，露出地面以便绑压膜线，地梁外侧砌 120 mm 厚的两皮砖。

3. 前屋面建造

（1）钢筋拱架的建造

钢筋拱架材料上弦多采用 φ14~16 mm 圆钢或 4 分管，下弦采用 φ12~14 mm 圆钢，花拉筋采用 φ8~10 mm 圆钢，拱架间距为 0.9~1.5 mm，拱架间采用 3~4 道纵向水平拉杆，拉杆采用 φ14~16 mm 圆钢或 4 分管。安装钢筋拱架时，首先在东西山墙贴墙固定安装两片钢筋拱架，以这两个钢筋拱架的顶部为基准，拉一条标准高度水平线；以钢筋拱架的前端为基准拉线，东西通常放置一角钢，并与前墙基座的预埋件焊接；后墙顶以钢筋拱架的后端为基准拉线，东西通常放置 φ12~16 mm 的圆钢，并与后墙顶的预埋件焊接。每隔 1 m 有一个拱架，在钢筋拱架的脊顶，以标准高度水平线为准东西横放一角钢，角钢开口向前，并与各钢筋拱架焊接。

（2）覆盖塑料薄膜

①塑料薄膜的选择。日光温室使用的塑料薄膜多为温室专用的高强度复合多功能膜，一般为聚氯乙烯薄膜和聚乙烯薄膜，厚度为 0.08~0.12 mm。

②塑料薄膜的固定。扣膜时，先用竹竿卷起塑料膜的一端固定在一边的山墙上，另一端也用竹竿卷起塑料膜用力拉紧后，固定在山墙上，然后用竹竿卷起塑料膜顶端固定在脊顶的角钢上，再把前面的塑料膜埋在土中。

③拉压膜线。在温室外沿和后屋面上，隔 50~60 mm 东西各拉一道长 8 m 的铁丝，与前沿和外墙的地锚连接。在棚膜上每隔 1 m 拉一根压膜线，压膜线一端拴在后屋面外部的铁丝上，另一端拴在前沿铁丝上。见图 2.3-7。

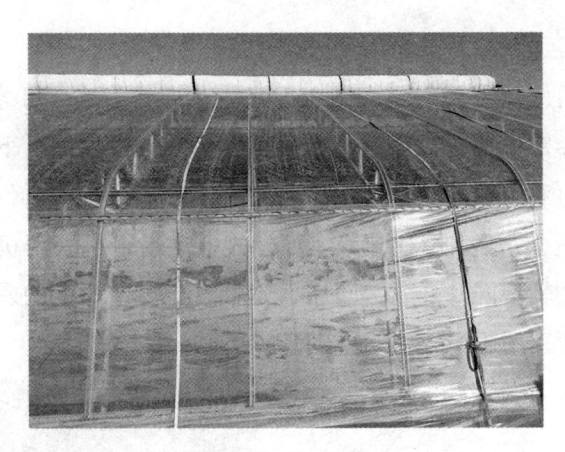

图 2.3-7 压膜

4. 后坡建造

后坡在地面的水平投影宽度 1.0~1.2 m。一般下层为 2~3 cm 厚的承重木板，往上依次是油毡或厚塑料膜、聚苯乙烯泡沫板、油毡防水层、40 mm 厚的水泥砂浆面层。

5. 前屋面保温覆盖

采用最多的外保温覆盖材料包括草苫（帘）、保温被等。

（1）草苫

草苫是目前我国各地日光温室生产上使用最多的保温覆盖材料，保温效果一般为 5~6 ℃。草苫编织宽度一般为 1.2~1.6 m，厚度要达到 6~8 cm。草苫的保温效果好，取材方便，造价低。但草苫的耐用性不是很理想，一般只能用 3 年左右，平时卷放费时费力，遇到雨雪保护不严吸水后重量进一步加大，卷放更加困难，且自动化操作常会出现故障。

（2）保温被

保温被的被宽 1.2~7 m、长 7~12 m，可以定做。其保温性能好，在高寒地区约为 10 ℃，高于草苫或纸被的保温能力。棉被造价很高，虽然一次性投资大，但使用年限长。为降低成本，有的场区采用防雨绸、小帆布做面层，采用发泡塑料、无纺布、航空面、镀铝膜岩棉做内层保温被，也能起到很好的保温效果。

6. 防寒沟

为防止室内热量向外传导或外部土壤低温向室内传导，造成温室的热量损失，可以在温室外四周设置防寒沟，以提高温室的保温效果。防寒沟的设置，一般要求宽 30~40 cm，深 50~80 cm，长与温室同长。首先在沟内四周铺上旧塑料薄膜，再填入锯末、树叶、碎稻草、麦秸、玉米秸等填充物，将填充物包住，以防止雨水渗入填充物，降低保温效果；然后埋土踏实，使其高出地面 5~10 cm，且北高南低成坡，以防温室前屋面流下的雨水渗入沟内，降低防寒效果。

7. 安装卷帘机

根据电动卷帘机（见图2.3-8、图2.3-9）的工作方式，可分为固定式和可动式两种。固定式电动卷帘机是在日光温室的后墙安装，通过卷轴上下卷动，利用机械动力把草帘卷上去，再利用弧度和草帘的重量滚放草帘，该机型造价较高，对日光温室的弧度要求较高，适合卷草帘、棉被等。可动式电动卷帘机采用机械手的原理，利用卷帘机的动力，使卷轴一同升降卷放草帘，不受日光温室弧度的影响，该机型是目前较常用的一种，主要适用于松软的保温被等。

图2.3-8　固定式电动卷帘机　　　　图2.3-9　可动式电动卷帘机

以下是可动式电动卷帘机的安装步骤：

①在日光温室长度方向中心位置放置两条拉绳，上端固定间距1 m左右，长度为温室膜宽度的2倍以上。拉绳上面铺放保温被，上端固定，将主机放置在保温被中间位置的地面上。

②从事先放好的拉绳向日光温室两端每间隔1.5 m左右等距离放置拉绳，长度略大于温室膜的宽度，上端固定，绳与绳之间保持平行。

③将保温被从日光温室中间两端依次铺好，前端（朝阳一面）长短一致，后端用铁钉或铁丝固定在卷轴上。每两条保温被之间应相互重叠20 cm左右，以利于保温。

④将卷轴放平、放直，把保温被按卷被方向卷在卷轴上并压入铁丝下，以活接和销轴连接支撑杆，将其立起，连接地桩。

⑤从中间向两边连接机杆（即卷轴），将帘下绳子固定到轴齿上，连接倒顺开关及电源。

⑥控制开关应安装在后墙上，安装在保温被覆盖范围和支撑杆倾倒范围以外的地方，且应安装牢固、灵敏有效、不漏电。

⑦把卷帘绳的长度（松紧度）调整一致，将卷帘机卷至温室顶，观察保温被平行度，卷好的保温被应紧实、粗细均匀，与地面基本平行，且在一条直线上。若达不到要求，应在卷慢处垫些软物调整，然后卷起，使卷起的保温被处在一条直线上，以保证机械性能，延长保温被使用寿命。

（二）焊接钢拱架塑料大拱棚

1. 焊接钢拱架塑料大拱棚的结构

焊接钢拱架塑料大拱棚（见图2.3-10）主要由拱架和拉杆焊接而成，一般跨度为8~12 m，脊高2.6~3.2 m，长30~60 m，拱架间距1~1.2 m。

拱架一般是用钢筋、钢管或两种结合焊接而成的平面桁架，上弦杆用 ϕ14~18 mm 钢筋或25 mm 钢管，下弦杆用 ϕ12~14 mm 钢筋，腹杆用 ϕ8~12 mm 钢筋。两弦间距在最高点的脊部为25~40 cm，拱脚处逐渐缩小为15 cm 左右。

纵拉杆采用平面桁架结构，上弦杆用 ϕ18 mm 钢筋，下弦杆用 ϕ6 mm 钢筋，细钢筋焊接固定，上下弦距离为20 cm。拱架上覆盖薄膜，拉紧后用压膜线或8号铅丝压膜，两端固定在地锚上。

图2.3-10 焊接钢拱架塑料大拱棚

2. 焊接钢拱架塑料大拱棚的建造

（1）拱架焊接

制作时，先按设计图在平面台上制作模具，然后将上、下弦按模具完成所需的拱形，接着焊接中间的腹杆。一般每隔5~6 m 配置一个三角形拱架。三角形拱架由一根上弦杆、两根下弦杆焊接而成，三面为3个平面桁架。在安装桁架时，同一桁架要在一个平面上，前后桁架的位置要整齐。

（2）维护

钢拱架以纵拉杆进行整体加固后，涂一遍防腐漆或银粉，晾干后方可覆盖塑料薄膜。

（3）地基安装

在大棚拱架基点埋水泥桩，长、宽均为30 cm 以上，深50 cm 以上，桩子上有一个带孔钢板，以便与拱架焊接。所有拱架的两个基点必须在一个平面上，以保证均匀受力。大棚两端各埋4个水泥桩，作为焊接棚头立柱用。

（4）其他技术

扣膜、压膜及安装棚头和门与竹木拱架塑料大拱棚相同。

（三）镀锌钢拱架塑料大拱棚

1. 镀锌钢拱架塑料大拱棚的结构

镀锌钢拱架塑料大拱棚（见图2.3-11）的拱杆、拉杆、立柱均为薄壁钢管，并用专用卡具、套管连接组装成棚体，所有杆件和卡具均采用热镀锌防锈处理，是工厂化生产的工业产品，已形成标准、规范的20多种系列产品。镀锌钢拱架塑料大拱棚一般跨度8~12 m，肩高1~1.8 m，脊高2.5~3.2 m，长度30~60 m，拱架间距0.6~1 m。其可采用卷膜机卷膜通风、保温幕保温、遮阳幕遮阳和降温。

图2.3-11 镀锌钢拱架塑料大拱棚

镀锌钢拱架塑料大拱棚建造方便，可拆卸迁移；棚内空间大、遮光少、通风好、作业方便，有利于作物生长；构件抗腐蚀性好、整体强度高、承受风雪能力强，使用寿命可达15年以上，是目前使用最多的塑料大拱棚结构形式。

2. 镀锌钢拱架塑料大拱棚的建造

①安装拱架。拱架采用镀锌半圆拱钢管，直径22~26 mm，壁厚1.2 mm。拱架采用现场加工，加工设备根据设计的弧形和肩高，通过角铁焊接而成。安装时先在拱架一头标记插入泥土的深度，然后沿大棚两侧拉线，间隔60~90 cm用直径28~32 mm的电钻打深30 cm的洞，洞孔外斜5°，最后将拱架插入洞孔内，用眉形弯头连接拱架顶端。

②安装拉杆。拉杆单根长5 m，一个大棚1道顶梁、2道侧梁，风口等特殊位置加装2道，共安装5道。连接拉杆时，先将其缩头插入大头，然后用螺杆插入孔眼并铆紧，以防止拉杆脱离或旋转。安装拉杆时，用压顶簧片卡住拉杆，压住拱架，使拉杆与拱架成垂直连接。

③安斜撑杆。拉杆安装完成后，在棚头两侧用斜撑杆，在拱架内侧用U形卡将5个拱架呈"八"字形连接起来。棚长在50 m以内时，每个大棚至少安装4根斜撑杆；棚长超过50 m时，长度每增加10 m需要加装4根。斜撑杆上端在侧拉杆位置与棚头拱架连接，下端在第五根拱架位置，用U形卡锁紧。

④安卡槽。卡槽安装在拱架外侧，分为上下两行，上行距地面高150 cm，下行距地面高60~80 cm；卡槽单根长3 m，用卡槽连接片连接，卡槽头用夹箍连接在门拱上。

⑤安装棚门。棚门高170~180 cm，门上用卡槽安装在门柱上。

⑥扣膜。塑料薄膜宽 12~18 m，宽幅不够时可用黏膜机黏合，PVC 膜黏合温度为 130 ℃，EVA 膜及 PE 膜黏合温度为 110 ℃，接缝宽度为 4 cm，裙膜宽度为 80~120 cm。上膜时将薄膜铺展在大棚一侧，然后向另一侧拉直绷紧，并依次固定在卡槽内，棚头下部埋于土中。

⑦安通风口。通风口设在拱架两侧底边处，宽度一般为 80~100 cm。选用卷膜器通风时，将卷膜器安装在棚膜的下端。大棚两侧底通风口下卡槽内安装 40~60 cm 高的挡风膜。

⑧安防虫网。在通风口及棚膜位置安装防虫网，截取与棚长等长、宽度为 1 m 的防虫网。防虫网两边分别固定在卡槽内。

项目四 任务评价

编写项目规划方案活动全过程复盘，沉淀经验、发现新知。学生自评、互评、教师评价。见表2.4-1。

表2.4-1 实施评价活动

活动步骤	活动内容
材料、设备工具准备	评价标准，纸，笔；相机，每组一台能上网的电脑。
查看标准并评价	1. 阅读评价标准； 2. 给自己的规划方案大纲、规划方案、场区建设评分，给其他人的规划方案大纲、规划方案、场区建设评分，写下评分依据； 3. 汇总分数，求平均值，整理评分依据。
成果展示	分享评价、感悟。
作业	1. 每组提交评价结果； 2. 每位同学提交评价过程及心得。

注：评价分值均为百分制，小数点后保留一位；总分为整数。

一、知识基础

制定科学的评价标准。见表2.4-2。

表2.4-2 编写项目规划方案活动的评价标准

评价内容	评价标准	评价依据（信息、佐证）	评价方式 自评 0.2	评价方式 他评 0.3	评价方式 教师评价 0.5	权重	得分小计	总分
职业素养	1. 遵守各项法律法规及活动管理规定； 2. 工作认真主动、善于思考、积极发言； 3. 团结协作、互帮互助。	1. 活动参与情况； 2. 考勤表； 3. 资料可行性。				0.3		

（续表）

评价内容	评价标准	评价依据（信息、佐证）	评价方式 自评 0.2	评价方式 他评 0.3	评价方式 教师评价 0.5	权重	得分小计	总分
专业能力	1. 能理解项目规划的作用，掌握编写项目规划方案流程； 2. 能组织研讨，编写规划方案大纲； 3. 能科学选址，运用网络查询、收集、分析、筛选资料； 4. 能编写规划方案； 5. 能组织场所设施建设、设备安装； 6. 能组织复盘研究，进行活动评价。	1. 规划方案大纲； 2. 规划方案； 3. 调研过程记录。				0.7		

注：评价分值均为百分制，小数点后保留一位；总分为整数。

模块三 组织生产过程

任务目标

1. 掌握组织生产的有关理论知识；
2. 学会组织生产流程；
3. 通过嫁接育苗、蔬菜、果树、花卉、中草药中的代表性作物生产管理过程，能掌握适合当地发展的园艺项目的生产运营情况；
4. 要脚踏实地，认真落实生产，精准计算所需物资，坚持质量第一、为社会提供健康优质农产品的理念。

任务书

结合当地实际，选择嫁接育苗、蔬菜、果树、花卉、中草药中的1种进行全过程实地组织生产学习，其余作物通过观摩调研了解组织生产全过程（该任务建议24学时）。

工作流程与活动

确定实际组织生产的作物、组织实施。

项目一 蔬菜嫁接育苗

任务目标：

1. 了解蔬菜嫁接育苗基本理论；
2. 学会蔬菜嫁接育苗流程；
3. 通过蔬菜嫁接育苗生产管理过程，能掌握适合当地发展的育苗项目生产的运营情况；

4. 要脚踏实地，认真落实生产，精准计算所需物资，质量第一。

任务书：

某一位投资者在某一村庄建成了一座年生产能力为 300 万株的蔬菜育苗场，以智能温室生产为主。通过市场调研论证、落实设计规划、完成基础建设，进入黄瓜插接嫁接智能温室育苗生产过程，该育苗场怎样才能培育出优质的黄瓜嫁接秧苗？（该任务建议 24 学时）

工作流程与活动：

准备生产、种子处理、播种、出苗管理、出苗后管理、病虫害防治、嫁接、嫁接后管理、出圃、评价。

任务一　准备生产

以小组为单位，分工协作，根据生产计划，这一批次生产 3 万株黄瓜嫁接苗，需要准备肥料与种子、农药、农膜、基质、育苗穴盘等生产资料，基质搅拌机、穴盘育苗播种机、种子催芽设备、自动嫁接机、植保机械等机械设备。如何准备才能顺利实施生产？见表 3.1.1-1。

表 3.1.1-1　准备生产活动

活动步骤	活动内容
材料、设备工具准备	接受任务，纸，笔，预习查找的资料、教材等；相机，每组一张沙盘桌，教室。
小组分工、准备生产资料和机械设备	1. 小组讨论，明确小组成员任务分工； 2. 根据分工，准确列出含有品名和规格数量的详细物品清单； 3. 按清单购买足量优质物品； 4. 检修测试机械设备。
成果展示	1. 分享购买清单、感悟； 2. 完善购买清单。
作业	1. 每组提交购买清单及购置的物品图片； 2. 每位同学提交准备过程及心得。

知识基础

表 3.1.1-2　生产 3 万株黄瓜插接嫁接苗需要的生产资料明细表

序号	品名	规格	单位	数量	单价/元	资金/元
1	专用肥料	A 肥	kg	10	16.8	168
		B 肥	kg	10	16.8	168
		C 肥	kg	10	16.8	168
2	南瓜种	/	粒	34 500	0.05	1 725
3	黄瓜种	/	粒	34 500	0.1	3 450
4	农药	/	g	500	1.0	500
5	地膜	1.5 m 宽	m	120	0.08	9.6
6	基质	专用基质	L	2 300	0.5	1 150
7	育苗穴盘	50 穴	张	690	2.6	1 794

（一）生产资料

1. 肥料与种子

①黄瓜育苗专用肥 A、B、C 配套全营养肥或应用原材料自行配置。

②根据订单确定品种与种子用量，根据当地种植规模与品种确定非订单种子用量。

2. 农药

优先选用生物农药防治蔬菜病虫害，禁止使用无生产许可证、农药登记证、产品合格证的化学农药，严禁使用国家明令禁止使用的高毒、高残留化学农药。允许使用农药使用技术规程中的化学农药，使用次数、使用方法和安全间隔期必须符合《农药合理使用准则（一）》和《农药合理使用准则（五）》中的要求，不得随意提高使用浓度。推广使用农用抗生素、微生物农药和植物性农药。

（1）微生物源农药

①微生物源杀虫剂。其包括阿维菌素、多杀菌素、浏阳霉素和昆虫病毒、绿僵菌、白僵菌、苏云金杆菌。

②微生物源杀菌剂。其包括春雷霉素、多抗霉素、中生菌素、阿司米星、宁南霉素、灭瘟素、木霉菌、枯草芽孢杆菌、蜡质芽孢杆菌、甜菜夜蛾核型多角体病毒。

③微生物源除草剂。其包括杂草菌素、细交链孢霉素、茴香霉素、鲁保 1 号。

（2）动物源农药

①昆虫内源激素。其包括保幼激素、蜕皮激素。

②昆虫信息素。其包括性信息素、产卵忌避素、报警激素。

③动物毒素。其包括沙蚕毒素、蜂毒肽、黄蜂毒素、斑蝥素。

④昆虫天敌。其包括捕食螨、寄生蜂。

（3）植物源农药

①植物源杀虫剂。其包括鱼藤酮、印楝素、苦参碱、川楝素、百部碱、除虫菊素、烟碱、藜芦碱。

②植物源杀菌剂。其包括印楝素、苦皮藤素、小檗碱、大蒜素。

③植物源除草剂。其包括核桃醌、香豆素、独脚金萌素、天仙子胺。

3. 地膜

目前国内应用的地膜主要是聚乙烯薄膜，按功能可分为普通地膜和特殊地膜。

（1）普通地膜

普通地膜为聚乙烯材料，无色透明，透光性好，能提高地温 3~6 ℃，不能抑制杂草，广泛应用于各种作物、各个季节。

（2）特殊地膜

①黑色膜。聚乙烯中加入2%~3%的炭黑制成，透光率低于3%，能防止土壤水分蒸发，抑制杂草生长。

②绿色膜。聚乙烯中加入绿色颜料制成，透光率高于黑色膜，能抑制杂草，但耐久性较差。

③黑白双色膜。一种为一面乳白色一面黑色，用于炎夏季节降低地温；另一种为黑色与透明相间，黑色用于种植行间，透明用于种植行，减少水分蒸发、抑制杂草。

④银色反光膜。其分镀铝膜、掺铝膜和夹铝膜，反光率高于35%，透明铝低于15%，用于高温季节降低地温，并能驱除蚜虫。

⑤有孔膜。其带播种孔、定植孔或水分蒸发孔，种植孔膜可减少田间作业量，蒸发孔用于潮湿低洼地块或多雨季节。

⑥除草膜。其由聚乙烯中加入除草剂制成，能提高地温 3~5 ℃，杀草率高达92%以上，广泛应用于多种作物。

⑦防病虫膜。以黑色膜为基底，沿纵向排有银色宽条，能驱虫又能提高地温，用于蔬菜驱蚜、螟、黄条跳甲等害虫。

⑧红外膜。聚乙烯中加入透过红外线助剂，增温效果一般可比一般膜提高20%左右，用于寒冷地区或寒冷季节的提早栽培。

⑨微孔地膜。膜上带有许多微小的孔，能增加土壤与大气间的空气交换。其适用于温暖湿润地区地膜覆盖，避免因地膜覆盖抑制根系呼吸，能稳定地温，提高近地面气温。

⑩浮膜。膜上分布大量小孔，以利于膜内外水、气、热的交换，直接覆盖在作物群体上。其用于菠菜、芹菜、茼蒿、小白菜、葱等多种蔬菜防霜冻、低温，同时可防止高温烧苗。

4. 基质

基质是用来固定植物根系的物质，是设施栽培的物质基础。基质的选择是一个非常关键的因素，基质不但要具有像土壤那样能为植物根系提供良好的营养条件和环境条件的功能，而且还可以为改善和提高管理措施提供更方便的条件。

（1）无机基质

无机基质本身不含有植物生长发育所需的营养物质，仅仅对植物根系起到固定和支撑作用，如砂、蛭石、珍珠岩、岩棉、陶粒等。

①砂。它指岩石经风化或轧制而成的粒料，一般选用粒径 0.5~3.0 mm 的砂为宜。粒径过大，基质透气性好，但保水能力较低，植物易缺水；粒径过小，砂中存水较多，易产生涝害。砂来源广泛，取材容易，价格便宜，但是保水性较差，容重重，搬运、消毒和更换不方便。砂可用作植物扦插，制作复合基质。

②蛭石。它是硅酸盐材料经高温加热后形成的云母状物质，容重轻，吸水能力强，能增加栽培基质的透气性和保水性，但是易碎，结构随着时间的延长变差，使用 1~2 次后需要更换。蛭石可与泥炭、珍珠岩等混合使用，适于各种培养土，也可用作播种覆盖物。

③珍珠岩。它是一种火山喷发的酸性熔岩经急剧冷却而形成的玻璃质岩石，具有封闭的多孔性结构，透气性好，含水量适中，排水性好，但是使用中容易浮在混合基质表面，吸水性较差，易破碎。珍珠岩可单独当作无土栽培的基质，也可与泥炭、蛭石等混合使用。

④岩棉。它是一种吸水性强的无机基质，由辉绿岩、石炭土、焦炭等混合后加热融化，喷成直径 0.005 mm 的纤维，再加黏合剂压成，化学性质稳定，孔隙度大（96%），吸水能力强。岩棉可以用来育苗或固定植株。

⑤陶粒。它是以黏土、泥岩、各种页岩、板岩、煤矸石、粉煤灰等为主要原料，经加工破碎成粒，再烧胀而成的陶质粒状物，具有封闭式微孔结构，有良好的保水保肥性能，无污染、无异味、无毒害、不滋生病虫害，可重复使用。陶粒可用于苗床、花圃、大棚花卉蔬菜及屋顶花园和草坪的栽培基质。

（2）有机基质

有机基质指采用有机物如农作物秸秆、菇渣、草炭、锯末、畜禽粪便等，经发酵或高温处理后，按一定比例混合，形成一个相对稳定并具有缓冲作用的全营养栽培基质原料。

①锯末。它是木材加工时切割木料散落的木屑，具有质地轻、吸水透气的优点。锯末可用作无土栽培的基质，使用时要先进行发酵，锯末颜色由浅变深后，在烈日下翻晒数次进行消毒。

②泥炭。它是各种植物残体在水分过多、通气不良、气温较低的条件下,经长期积累而形成的一种不易分解的有机物堆积层,内部含有大量的有机质,质地疏松,透气性、透水性好,保水保肥能力强,无病原菌和虫卵。高位泥炭是由泥炭藓、羊胡子草等形成,主要分布在高寒地区,呈红色或棕黄色,有机质分解程度较差,吸水透气性好,在无土栽培中可作为混合基质;低位泥炭由低洼处、季节性积水或常年积水的地方生长的各种植物残枝落叶多年积累而形成,呈黑色或深灰色,分解程度较高,吸水透气性较差,适宜直接作为肥料,不宜作为基质。

③椰糠。它是椰子果实外壳加工后形成的粉状物,容重轻,孔隙度大,透气排水性好,保水和持肥力也强,在使用前需要进行堆沤发酵。

④蔗渣。它是制糖业的副产品,主要成分是纤维素,其次是半纤维素和木质素。它容重轻,持水持肥力好,使用前必须经过堆沤发酵,与泥炭混合种植比较好,酸碱性适中,保水保肥力较好。

⑤作物秸秆。其主要有玉米秸秆、小麦秸秆、水稻秸秆、棉花秸秆等,经过粉碎和一定时间的高温发酵和生物发酵形成栽培基质,通气性好,容重轻,混合其他栽培基质,会成为一种好的栽培基质。

(3) 复合基质

复合基质指两种或两种以上的单一基质按一定的比例混合而成的基质,复合基质克服了单一基质可能造成的容重过轻或过重、通气不良或通气过剩等弊病,能更好地适应作物的生长发育。理想的复合基质容重为 0.5 g/m³ 左右,总孔隙度 60%,pH 值中性,C/N 小于 200∶1。目前,市场上以泥炭、蛭石、珍珠岩、椰糠等材料以一定比例合成的专用栽培基质较多。复合基质广泛用于蔬菜、瓜果、花卉的设施无土栽培和育苗移栽。

5. 育苗穴盘

育苗穴盘是一种培育幼苗的塑料或纸质制品。制造塑料穴盘的材料一般有聚苯泡沫、聚苯乙烯、聚氯乙烯和聚丙烯等。制造方法有吹塑的,也有注塑的。一般蔬菜和观赏类植物的育苗穴盘多采用聚苯乙烯材料,这种材料具有防脆裂、耐老化、不易变形等特性;漂浮育苗可以使用聚苯泡沫苗盘。标准穴盘的尺寸为 540 mm×280 mm,因穴孔直径大小不同,孔穴数有 18~800 个。栽培中、小型种苗,以 72~288 孔穴盘为宜。育苗穴盘的穴孔形状主要有方形和圆形,方形穴孔所含基质一般要比圆形穴孔多 30% 左右,水分分布较为均匀,种苗根系发育更加充分。市场上常见的穴盘材质厚度大多在 0.6~1.2 mm,0.6~0.8 mm 厚度的穴盘价格低,硬度差,多用于人工播种及一次性使用。1.0~1.2 mm 厚度的穴盘硬度较好,适合机器或播种流水线作业,消毒后可以重复使用。

(1) 果类蔬菜育苗穴盘选择

果类蔬菜（主要为茄果类及瓜类）育苗按照播种季节大致分为冬春季和夏秋季两种情况。冬春季育苗一般要求苗龄较长，秧苗较大，定植后能够尽早收获；夏秋季育苗则需要相对苗龄小的秧苗，根系活力高，利于定植后缓苗。根据北京市农业技术推广站多年的技术经验，结合相关文献，主要果类蔬菜穴盘育苗孔穴选择建议见表3.1.1-3。

表3.1.1-3　主要果类蔬菜穴盘育苗孔穴选择

		番茄	辣椒	茄子	黄瓜
冬春茬	穴盘规格/穴	50~72	72~105	32~72	50~72
	日历苗龄/天	45~55	55~65	65~75	30~40
夏秋茬	穴盘规格/穴	72~105	105~128	32~72	72~105
	日历苗龄/天	25~35	30~40	45~55	20~25

春季育苗105孔穴穴盘限制了番茄、黄瓜根系发育，降低了叶片光合电子传递速率，导致蔬菜的生物量和壮苗指数降低，50、72孔穴穴盘对作物几乎没有明显影响。关于茄子和辣椒的冬春茬穴盘育苗技术，暂时没有文献针对它们的穴盘规格进行专门研究，所以种植者可以根据对穴盘苗大小的需求选择穴盘孔穴数，辣椒一般6片真叶以上定植选择72孔穴穴盘，6片真叶以下选择105或者更多孔穴的穴盘；由于茄子苗龄较长，且多数为嫁接育苗，大部分采用50~72孔穴的穴盘栽培。夏秋辣椒育苗一般选择128孔穴穴盘，苗龄应控制在25~30 d，5~6片叶；夏秋茬番茄育苗气温高，苗龄短，生理苗龄达3叶1心，日历苗龄35 d左右，秧苗长至15 cm左右时即可定植，穴盘选择72孔穴为佳；茄子的秋冬茬栽培，为增强抗寒性，多采用嫁接育苗技术，生理苗龄6~7片叶，多采用32~50孔穴穴盘育苗，研究表明，8月18日播种的茄子穴盘苗，32孔穴穴盘育苗的茄子早熟性比50孔穴穴盘育苗平均提前5 d，总产量增加15.3%；秋延后茄子栽培如不嫁接，苗龄在30~35 d，4~5片叶定植，选用50~72孔穴的穴盘为宜。

(2) 非果类蔬菜育苗穴盘选择

除果类蔬菜之外，还有很多其他品种的蔬菜采用育苗移栽模式种植，如甘蓝类、白菜类、芹菜、生菜、洋葱等。相对于果类蔬菜，这些蔬菜品种的穴盘苗株型相对较小，穴盘规格也要相应调整。根据北京市农业技术推广站多年的技术经验，结合相关文献，非果类主要蔬菜穴盘育苗孔穴选择建议见表3.1.1-4。

表 3.1.1-4　主要非果类蔬菜穴盘育苗孔穴选择

	甘蓝	花椰菜	大白菜	芹菜	生菜
穴盘规格/穴	105~128	72~105	50~72	105~200	128~288
日历苗龄/天	25~35	20~30	25~35	50~80	25~35

甘蓝夏秋季育苗选用 105 孔穴穴盘为宜；花椰菜夏秋季育苗选用 72 或 105 孔穴黑色穴盘更有利于种苗根部发育；芹菜育苗一般采用 128~200 孔穴穴盘，日历苗龄 50~80 d，生理苗龄 4~6 片叶；结球生菜定植密度一般为 6.30~6.75 万株/hm^2，需育苗 345~375 盘/hm^2（200 孔/盘）或 570~600 盘/hm^2（128 孔/盘）。

（3）机械移栽

提苗根坨的完整度是种苗能否进行机械化移栽的第一步考验。影响秧苗根坨完整度的因素除了基质配比，还包括蔬菜品种、苗龄、栽培措施等。为了更好地适应现有移栽机械的需求，蔬菜育苗穴盘规格建议选用 72~128 孔穴，穴盘苗株高 12~18 cm。孔穴太多，穴盘苗的根坨较小，机械移栽时稳定性不够，秧苗不易在定植孔内直立，造成移栽定植不活，或者需要耗费额外的人工进行扶苗；孔穴过少，造成秧苗过大，或者根系量少、根坨不完整，易散坨，不利于机械抓取，容易伤苗。

（二）机械设备

蔬菜育苗温室工厂化，又称作蔬菜工厂育苗或蔬菜快速育苗。它指从种子处理、播种、催芽出苗、幼苗绿化、花芽分化、幼苗发育生长、移苗囤苗，到提供保护地或露地栽培用秧苗，根据蔬菜生长发育的要求，用一定的技术措施和集约管理的方法，成批生产规格齐全的优质壮苗的过程。

1. 基质搅拌机

通过基质料仓内的橡胶传送带将基质输送到提升器，在提升机链条和橡胶传送带的连续滚动下，使各种不同特性的基质材料均匀混合，可根据需要设定搅拌时间，也可根据需要进行加湿调质。混合结束后，提升器旋转提升到出料高度，输送基质到装

图 3.1.1-1　基质搅拌机 EM6002

盆机或穴盘填充机等机器料仓中。持水性、透水性、透气性、颗粒性、压实度等各项基质性能可高度满足植物生长需要。根据使用需求，容量有 1 000 L 或 2 000 L 的机型可供选择。

2. 穴盘育苗播种机

① 2BQJP—120 型工厂化育苗气吸式精密播种机采用压缩空气为动力源，通过自动控制系统，可完成穴盘定时、定位输送、底土填充、压穴、精密播种、覆土、刮平等各项作业，适于各种花卉、蔬菜使用工厂化育苗。其生产率为 150 盘/h，播种合格率在 95% 以上。

② 2BSXP—500 型工厂化穴盘育苗精密播种机采用垂直圆盘窝孔式排种器，通过自动控制系统，可一次完成穴盘定位输送、底土填充、压穴、精密播种、覆土、刮平等各项作业，实现每穴播种 1 粒，株距、行距和深度准确一致的技术标准。其适于番茄、青椒、黄瓜、花椰菜、圆白菜和茄子等种子工厂化穴盘育苗，生产率为 350 盘/h，播种合格率在 95% 以上。

3. 种子催芽设备

①大型装配式棚室放种容积可达数千升或万升以上，可供大型种苗基地使用。

②人工气候箱全电脑控制温度、湿度、光照、通风，用于催芽、育苗、组织培养、周期栽培，工作容积为 200~400 L。

③小型台式催芽机工作容积为 1~20 L，可供蔬菜专业户育苗和种子经营单位检测发芽率使用。

4. 自动嫁接机

中国农业大学研制了 2JSZ—600 Ⅱ型蔬菜自动嫁接机，该自动嫁接机采用计算机控制，实现了砧木和穗木的取苗、切苗、接合、塑料夹固定、排苗等嫁接作业的自动化。嫁接时，操作者只需把砧木和接穗放到相应供苗台上即可。它可以完成黄瓜、西瓜、甜瓜、茄子、番茄等瓜菜苗的自动嫁接工作。用穴盘所育砧木苗可直接带根和土团嫁接，嫁接速度达 600 棵/h，嫁接成活率达 95% 以上。

5. 生产设施设备

（1）现代智能温室配套设备

①通风系统

现代化设施配有自然通风和强制通风两种装置。

自然通风系统是温室通风换气、调节室温的主要方式，一般分为顶窗通风、侧窗通风和顶侧窗通风三种方式。侧窗通风有转动式、卷帘式和移动式三种类型。玻璃温室和 PC 板温室多采用转动式和移动式，薄膜温室多采用卷帘式。顶窗开启方向有单向和双向两种，双向开窗可以更好地适应外界条件的变化，也可以较好地满足室内环境调控的要求。

强制通风系统有温室加强排风扇和温室内循环风机两种。（见图3.1.1-2和图3.1.1-3）

图3.1.1-2　加强排风扇　　　　图3.1.1-3　温室内循环风机

②加热系统

在太阳辐射能源不足的情况下，要进行人工加热，从而补充热量。现代化温室面积大，没有外覆盖保温防寒，只能依靠加热来保证寒冷季节园艺作物的正常生产。加热系统采用集中供暖分区控制，主要有热水管道加热系统、热风加热系统两种。

热水管道加热系统由锅炉、锅炉房、调节组、连接附件及传感器、进水及回水主管、温室内的散热管等组成。温室散热管道有圆翼型和光滑型两种，按排列位置可分为垂直排列和水平排列两种方式。这种加热系统适用于大型温室、有较长期和大量供热需求的温室，散热量一般为$300\sim700\ W/m^3$。

热风加热系统是利用风机将热风炉所产生的热量以热风的形式送到温室各部进行加热的方式，由热风炉、附件及传感器等组成。目前，热风机（见图3.1.1-4）主要有燃油热风机和电热风机两类。这种加热系统适用于小型温室或供热需求较小的温室，或用于大型温室辅

图3.1.1-4　热风机

助加温，尤其适用于短期临时加温，热风温度为30~60 ℃，送风量每m^2温室面积送风量达$27\sim36\ m^3/h$。

③幕帘系统

幕帘系统包括帘幕和传动系统。

帘幕系统按安装位置可分为内遮阳保温幕和外遮阳帘两种。

内遮阳保温幕采用铝箔条或镀铝膜与聚酯线条编织的缀铝膜，具有保温节能、遮阳降温、防水滴、减少水分蒸发的功能。白天覆铝箔可反射掉95%的光能，夜间增温

3~4 ℃，最大增温7 ℃。

图3.1.1-5　温室内遮阳　　　　　图3.1.1-6　温室外遮阳

外遮阳帘采用遮光率50%~70%的遮阳网或缀铝膜，覆盖于距通风屋顶上30~50 cm处，比不覆盖的可降低室温4~7 ℃，最大可降低10 ℃，同时也可以防止作物日灼，提高品质和产量。

传动系统有钢索轴拉幕系统和齿轮齿条拉幕系统。

④降温系统

常见的降温系统有微雾降温系统、湿帘风机降温系统两种。

微雾降温系统通过高压陶瓷柱塞泵将净化过的水加压至1~7 MPa，再通过高压管路将加压的水输送到特殊的喷嘴进行雾化（见图3.1.1-7），并以3~10 μm的超微雾粒子喷射到设施的空间内，超微雾粒子在空气中吸收热量，汽化、蒸发，达到降低设施内空气温度的作用。使用该系统可降温3~10 ℃，其适用于相对湿度较低、自然通风好、长度大于40 m的温室；除降温外，也可用于喷施农药和叶面肥。

图3.1.1-7　高压雾化喷头

湿帘风机降温系统的湿帘材料为波纹状的纤维纸浆，厚度0.1 m。风机为轴流风机，直径1.5 m，间距小于8 m，功率0.7~1.1 kW，风量10 000~50 000 m³/h，风速1.2~2.3 m/s。

利用风机使室内形成负压，外界空气从湿帘缝隙穿过，与潮湿的介质表面进行水汽交换，导致水分蒸发和冷却，冷空气经由温室吸热后通过风机排出，达到降温的目的。(见图3.1.1-8)

图3.1.1-8 湿帘系统

⑤补光系统

温室补光可以起到调节作物生长周期和促进光合作用的目的。对于调节作物生长周期的补光，其光照强度要求相对较弱，一般来说达到 10~15 W/m² 的植物补光灯就可以，主要应用于花卉生产。光合补光要求照度大、成本高，一般在 10 000 lx 以上，主要应用于育苗。

对于人工光源，需要满足富含 400~500 nm 蓝紫光和 600~700 nm 橙红光，并有适当的组成比例，以及满足其他特定的光谱要求。下面是几种常用的人工光源：

白炽灯。它的辐射光谱主要在红外范围，可见光所占比例很小，发光效率低，且红光偏多，蓝光偏少，寿命短(1 000 h)，不宜用作光合补光的光源，但可用作光周期补光的光源。

金属卤化物灯。这种灯发光效率较高，功率大，光谱分布范围较窄，以黄橙光为主，寿命较长(数千小时)，在园艺设施补光中使用较多。

荧光灯。它光谱性能好，发光效率较高，寿命长，功率小，满足一定光照强度所需，对自然光遮光大。目前荧光灯在园艺设施补光中使用较多，尤其是用于无遮挡自然光问题产生的组培室中的人工光照。

LED。它具有多种光色器件，可按需要组合不同单色(如红+蓝)的 LED 满足植物光合作用对光谱的需要，辐射效率和光量子效率极高，使用寿命长(5 万 h 以上)，价格较高。

⑥补气系统

液罐中的工业制品用 CO_2，也可以用 CO_2 发生器将煤油或石油气充分燃烧而释放 CO_2。现代化温室环境相对封闭，白天时 CO_2 浓度低于外界，为增强温室作物的光合作用，需补充 CO_2，进行气体施肥。尤其是无土栽培下，经常会出现 CO_2 "饥饿"的状态。晴天上午照光 0.5~1 h 后开始施用 CO_2，每天 2~3 h。

常见的补气系统包括 CO_2 施肥系统和环流风机两部分。

CO_2 施肥系统。CO_2 气源可直接使用贮气罐。

图 3.1.1-9　CO_2 施肥管道

环流风机。它可以使 CO_2 分布均匀，还可以促进室内温度、相对湿度分布均匀。环流风机分为简洁型和数字控制型两种，换气量为 4 000~7 000 m^3/h，送风距离约 45 m。

⑦灌溉和施肥系统

灌溉和施肥系统包括水源、贮水及供给设施、水处理设施、灌溉和施肥设施、田间网络、灌水器（如滴头）等。进行基质栽培时，可采用肥水回收装置，将多余的肥水收集起来，重复利用或排放到温室外。

图 3.1.1-10　移动式喷灌机

⑧计算机环境测量和控制系统

现代化温室控制系统运用物联网系统的温度传感器、湿度传感器、pH 值传感器、光照度传感器、CO_2 传感器等设备，检测环境中的温度、相对湿度、pH 值、光照强度、土壤养分、CO_2 浓度等物理量参数，自动控制温室通风、遮阳网开闭、加温保温系统，保证农作物有一个良好、适宜的生长环境。

（2）植保机械

植保机械是防治病虫害、杂草等植物有害生物的各种机械的总称。植保机械多种多样，可以根据农作物种类、配套动力、操作方式、施用农药剂型等进行分类。

①3WFS—300A 全自动风送喷雾机

该型号喷雾机用于果园病虫害防治，全自动化作业，施药效果好。

图 3.1.1-11　3WFS—300A 全自动风送喷雾机

②精量电动弥粉机

精量电动弥粉机容量为 3 L，锂电池充电，使用微粉机农药，不需要加水，药物颗粒直径在 10 μm 左右，在空气中具备良好的悬浮性。而且其在加工过程中采用了新型助剂，施药后粉粒在叶片表面具有较好的润湿性，分散均匀，避免传统粉剂施药后不溶于水的现象，使药剂可以更充分地接触靶标，提高药剂利用率。

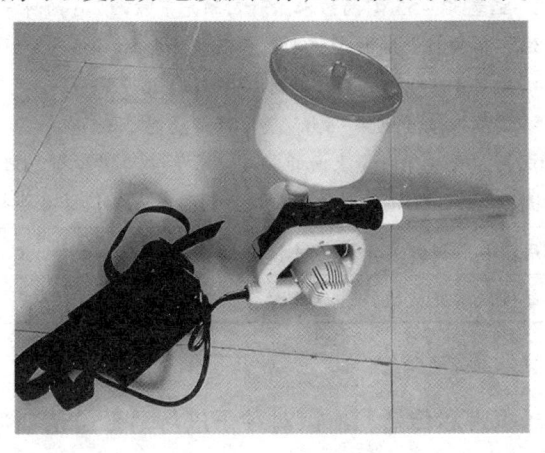

图 3.1.1-12　电动弥粉机

③烟雾水雾脉冲弥雾机

烟雾水雾脉冲弥雾机主要由药箱、压力泵、电动机、排液管、风机、高压喷头、智能控制开关、摇摆机构等组成,以小型电动机为动力,带动压力泵工作,压力泵与高压喷头通过排液管连接,由智能控制开关控制电动机、风机和摇摆机构工作。药箱容量15 L左右,雾化颗粒细、弥漫均匀,用水量少,省时省力,可广泛用于温室大棚、农业、林业、果园等杀虫、杀菌和消毒。

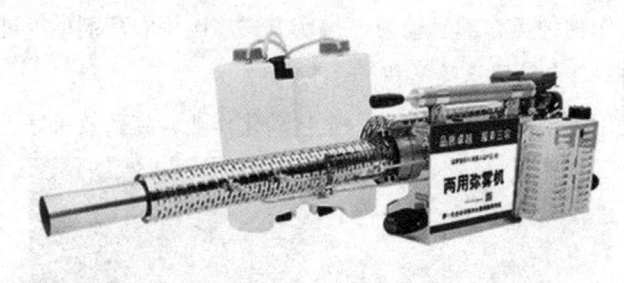

图3.1.1-13 烟雾水雾脉冲弥雾机

任务二 种子处理

以小组为单位,分工协作,根据生产计划,这一批次生产3万株黄瓜嫁接苗,需要对种子进行温汤处理。见表3.1.2-1。

表3.1.2-1 温汤处理种子

活动步骤	活动内容
材料、设备工具准备	根据任务,准备80~100 ℃的热水,准备标签纸、记号笔,预习查找的资料、教材等;相机,每组一套温度计,直径20 cm的盆,直径1.5 cm、长0.5 m的非铁棍。
小组分工实施种子温汤处理	1. 明确小组成员任务分工; 2. 配置50~55 ℃的热水,放入阳光下晾晒2 d的种子; 3. 不停搅拌,随时加热水,水温保持在50~55 ℃; 4. 烫种10~15 min,加凉水,水温达25~30 ℃; 5. 南瓜继续浸泡4~8 h,黄瓜继续浸泡2 h; 6. 捞出并洗净种子表面的黏液,用干净的湿纱布包好,放入25~28 ℃的环境下催芽,60%的种子露白即可播种,或不催芽直接播种。
成果展示	用图片或视频展示操作过程。
作业	每位同学提交操作过程及心得。

知识基础

许多病害可由种子携带和传播,所以对种子进行消毒是苗期病害综合防治的重要一环。地域不同,病害发生的频率和种类也不同,可参照当地主要病害进行种子处理。

黄瓜种子用温汤处理的注意事项:将种子放到50~55 ℃温水中的同时不断搅拌;继续浸种前,清洗并搓掉种子表面的黏液并用清水反复冲洗,直至黏液明显减少。

选用黑籽南瓜作为砧木种子时,最好用热水烫种,即将种子倒入 70~80 ℃ 的热水中,随烫几秒钟,再迅速将水温降到 50~55 ℃,不断搅拌,7~8 min 后,将种子捞出洗净,放在 25~30 ℃ 的温水中浸泡 6~8 h,最后捞出洗净并沥干水分备用。人工播种时,浸种处理后的种子用干净的湿毛巾或湿纱布包裹好,放在 30~32 ℃ 的环境下催芽,每天清洗翻动 2 次,70% 左右的种子露白后开始播种。

任务三 播种

以人工播种为例,小组分工协作完成以下工序:穴盘消毒,人工拌湿已消毒的基质,装入穴盘,播种,盖蛭石或拌湿的基质,浇水(或机械化操作,即用搅拌机拌湿基质,机械装盘并播种,浇水),放到多层催芽床上,推入催芽室。见表 3.1.3-1。

表 3.1.3-1 人工播种南瓜种子活动

活动步骤	活动内容
材料、设备工具准备	根据任务要求,预习准备播种的流程及要求,准备穴盘、基质、种子、消毒熏蒸物品、喷洒药物等生产资料;每组 2 张铁锹、1 个水桶、1 个喷壶、1 个多层催芽床,运输车 1 辆。
小组协作完成播种	1. 明确小组成员任务; 2. 拌湿基质; 3. 装盘; 4. 在穴中间打眼,深 1.5~2 cm; 5. 平放种子; 6. 盖种子; 7. 浇透水; 8. 检查播种质量; 9. 放到多层催芽床上; 10. 推到催芽室内; 11. 清理现场; 12. 工具归位。
成果展示	用图片或视频展示操作过程。
作业	每位同学提交播种过程记录及心得。

知识基础

(一)穴盘消毒

砧木播种选用 50 孔穴的穴盘或纸钵,接穗播种选用平底育苗盘。纸钵或首次使用的塑料穴盘不用消毒。

用过的穴盘和器具上常常携带病菌和虫卵,需要清洗消毒。先用高压水枪、肥皂水洗净穴盘,再用高锰酸钾1 000倍液浸泡苗盘10 min,再用洁净的自来水冲洗干净,晾干后备用。

(二)配制基质

选择黄瓜育苗专用基质或自行配制。自行配制时,以草炭、蛭石及珍珠岩作为基本材料,按照3∶1∶1的比例进行混合,消毒后每立方基质中加入1.0~1.5 kg黄瓜育苗专用肥,混匀。

(三)拌湿基质

加适量清水,搅拌均匀,湿基质达到手握成团、落地即散为宜,含水量大约在55%。

(四)装盘

基质装入穴盘与平盘中,抹平,即用刮板从穴盘的一方刮向另一方,使每个孔穴中都装满基质,轻压,切记不能用力压紧。用木钉板(木钉为圆柱形,直径0.8~1 cm,高2 cm)在穴盘上压穴,穴深1.5~2.0 cm;也可将装好基质的穴盘垂直码放在一起,4~5盘一摞,上面放一只空盘,两手平放在盘上,均匀下压至要求深度为止。

(五)播种

插接嫁接砧木南瓜种子的播种时间要早于接穗4 d。人工播种带芽种子,每穴点播一粒,芽尖朝下居穴的中心,种子平面与基质表平面成15°角放置,且种子的开口朝向尽可能一致;播种后用蛭石覆盖,多余基质用刮板刮去,使基质与穴盘格室相平;种子盖好后喷透水,以穴盘底部渗出水为宜。

接穗黄瓜种子在消毒后的基质平底盘内播种,胚芽向下,种子间距1~2 cm,播种后,覆盖1 cm厚的蛭石,均匀淋水且浇透,然后摆放到催芽架上,推进催芽室。

如果全程机械化操作进行播种,则省时省工,效率高,播种均匀,适用于大规模生产。

任务四 出苗管理

小组分工协作完成出苗管理。播种前一天,小组成员对催芽室进行消毒并调节室内的温湿度,播种的穴盘进入催芽室后,监测室内环境,确保种子萌发需要的条件。见表3.1.4-1。

表3.1.4-1 人工调控催芽室环境

活动步骤	活动内容
材料、设备工具准备	根据任务要求,预习准备南瓜、黄瓜出苗管理资料;每组3个温湿度表、1个喷雾器。

(续表)

活动步骤	活动内容
小组协作完成出苗管理	1. 明确小组成员任务; 2. 催芽室清扫消毒; 3. 调试催芽室的温度、湿度、通风设备; 4. 确定出苗情况; 5. 填写观察记录表; 6. 及时把苗盘推出催芽室,摆放到幼苗培养室; 7. 清理催芽室现场; 8. 工具归位。
成果展示	用图片或视频展示操作过程。
作业	每位同学提交出苗期管理过程记录及心得。

知识基础

下面介绍催芽室管理。

人工调控催芽室环境,确保室内温湿度均匀。利用臭氧和紫外线等清毒或药物熏蒸、喷洒消毒;使用冷暖风机调试温度,南瓜发芽温度为 28~30 ℃、黄瓜发芽温度为 25~28 ℃,夜间温度为 20~25 ℃;设定加湿时间,保持室内 85%~90% 的湿度;每天打开换气扇通风 2 次,每次 30 min。当 70% 以上的幼苗出土时,把育苗盘从催芽室搬到温室苗床上进行培养。

采用微电脑控制技术调控催芽室环境。按种子发芽的需要,自动调节控制适宜的温度、湿度、通风等,配备物联网,实现手机遥控管理,降低用工量。

做好出苗管理观察记录。记录表见表 3.1.4 – 2。

表 3.1.4 – 2　出苗管理观察记录表

班级_____　组名_____　姓名_____

序号	时间	出苗温度	出苗湿度	通风	出苗数量	苗情状态描述
1						
2						
3						
4						
5						
6						

任务五　出苗后管理

小组分工协作完成出苗后嫁接前的管理。温室全面消毒，把结束催芽的苗盘摆放到温室育苗架上，调节温室内环境条件以适合秧苗生长，预防病虫害。见表3.1.5-1。

表3.1.5-1　出苗后嫁接前的管理

活动步骤	活动内容
材料、设备工具准备	根据任务要求，预习准备南瓜、黄瓜出苗后嫁接前的管理资料；调试温室内管理温度、湿度、光照、肥水一体、通风等的设施设备，2个喷雾器，1个烟雾器。
小组协作完成出苗后嫁接前的管理	1. 明确小组成员任务，坚持每天参与管理温室； 2. 温室清理，全面消杀空间、设备内的病原菌、各种形态的害虫； 3. 调控温室温度、湿度、光照、通风设备； 4. 观察苗情，判断健康状况； 5. 填写观察记录表； 6. 按时预防病虫害； 7. 保持温室整洁； 8. 工具用完及时归位。
成果展示	用图片或视频展示操作过程。
作业	每位同学提交管理过程记录及心得。

知识基础

（一）出苗后嫁接前的苗床温湿度光照管理

苗床白天温度20~22 ℃，夜间温度14~16 ℃；当第一片真叶露心时，白天温度24~26 ℃，夜间温度16~18 ℃；嫁接前1~2 d，白天温度20~22 ℃，夜间温度12~15 ℃。湿度80%，充分见光。

（二）肥水管理

专用基质中的肥料基本能满足整个育苗期苗子对肥料的需求，后期出现拖肥现象时可以浇1~2次育苗肥，按肥料说明使用。自配基质全程结合浇水用育苗专用肥喷施，浇水次数和数量根据穴盘基质的含水量和苗子的生长状态确定。

（三）管理植株

控制幼苗徒长，采用降低温度、湿度、增加光照等管理措施；必要时采用植物生长调节剂进行株型调控。

(四) 做好出苗管理观察记录

记录表见表3.1.5-2。

表3.1.5-2 出苗后嫁接前管理观察记录表

班级_____ 组名_____ 姓名_____

序号	时间	温度管理	湿度管理	通风管理	光照管理	浇水施肥	病虫害防治	苗情状态描述
1								
2								
3								
……								
n								

任务六 苗期病虫害防治

小组分工协作，根据生产计划，每生产一批蔬菜嫁接苗，都需要根据育苗进程进行全过程、全方位的病虫害防治。见表3.1.6-1。

表3.1.6-1 苗期病虫害防治

活动步骤	活动内容
材料、设备工具准备	根据任务要求，准备农药、植保工具，准备标签纸、记号笔，预习查找的黄瓜、南瓜苗期病虫害防治的资料、教材等；相机，每组一套操作所需材料与工具。
小组分工实施病虫害防治	1. 明确小组成员任务分工； 2. 播种前进行种子、基质、穴盘、苗床消毒； 3. 催芽室、温室清理干净，全面消杀空间、设备内的病原菌、各种形态的害虫； 4. 观察苗情，判断健康状况； 5. 填写观察记录表； 6. 按时预防病虫害； 7. 保持温室整洁； 8. 工具用完及时归位。
成果展示	用图片或视频展示操作过程。
作业	每位同学提交操作过程记录及心得。

知识基础

苗期病虫害防治优先采用农业措施，选用抗病抗虫品种，非化学药剂处理种子，加强栽培管理，使用物理、生物、化学等措施预防控制病虫害。防控重点主要为霜霉病、炭疽病、蔓枯病、立枯病、猝倒病、蚜虫、粉虱、蓟马、红蜘蛛、甜菜螟、瓜绢螟等。

（一）农业措施

合理施肥。增施磷钾肥和有机肥，根据植株生长状况追施叶面肥，增强植株抵抗力，减少病虫害发生。

及时摘除病株病叶，清理枯枝败叶，铲除周边杂草。

（二）物理措施

频振式杀虫灯诱杀害虫。频振式杀虫灯可诱杀甜菜螟、瓜绢螟、斜纹夜蛾等成虫。将杀虫灯吊挂在温室内，控制面积为 10~20 km^2/台，吊挂高度距地面 1.5~2 m 为宜。

色板诱杀。采用黄蓝板诱杀，黄板诱杀粉虱、蚜虫、斑潜蝇等害虫；蓝板诱杀蓟马、种蝇等害虫。田间悬挂黄板或蓝板，高度略高于植株顶部，根据植株高度适时调整。发生初期每亩放 20~30 块，发生期可调整至 45 块以上。及时更换色板，以免影响效果。

防虫网阻隔。在出入口、通风机、天窗等部位安装防虫网，可有效防止蚜虫、白粉虱、斑潜蝇、夜蛾等多种害虫侵入。

高温闷棚。在夏季高温期密闭棚室，使棚内最高温度达 50~70 ℃，持续 20 d 以上，可有效杀死设施内土壤中的病原菌和害虫。

（三）化学措施

苗床消毒。使用 40 亿/g 枯草芽孢杆菌或 50% 多菌灵、30% 噁霉灵拌土，每平方米苗床用 5~10 g，可有效防治炭疽病、立枯病、蔓枯病、猝倒病、霜霉病等。

植株喷雾。此方法适用于发病前或发病初期（虫口较低时）防治，为避免产生抗药性，在一个生长季节内交替使用 2~3 种作用机制不同的药剂。一般间隔 10~14 d，发病后期视情况，可适当缩短用药间隔。选用 75% 肟菌·戊唑醇可湿性粉剂 3 000 倍液、50% 咪鲜胺锰盐可湿性粉剂 500~1 000 倍液、40% 氟硅唑可湿性粉剂 5 000 倍液、75% 百菌清可湿性粉剂 600 倍液，防治炭疽病、立枯病、蔓枯病等。

选用 40% 腈菌唑可湿性粉剂 4 000 倍液、75% 肟菌·戊唑醇水分散粒剂 3 000 倍液、42.5% 吡唑醚菌酯·氟唑菌酰胺悬浮剂 3 000 倍液、40% 硫黄·多菌灵悬浮剂 500 倍液，防治白粉病、靶斑病等。

选用 50% 王铜·甲霜灵可湿性粉剂 600 倍液、72.2% 霜霉威水剂 600 倍液、50% 烯酰吗啉可湿性粉剂 1 000 倍液、20% 氰霜唑可湿性粉剂 2 000 倍液等，防治霜霉病、猝倒病等。

选用 1.8% 阿维菌素乳油 2 000 倍液、22.4% 螺虫乙酯悬浮剂 1 500 倍液、20% 呋虫胺可湿性粉剂 1 000 倍液等，防治蚜虫、蓟马、白粉虱、红蜘蛛等害虫。选用 0.3%

印楝素乳油 500 倍液、1.8% 阿维菌素 2 000 倍液、2.5% 高效氯氟氰菊酯乳油 2 000 倍液、19% 溴氰虫酰胺 1 000 倍液，防治甜菜螟、瓜绢螟等。烟雾剂。每 667 m² 使用 45% 百菌清烟剂 200 g、20% 异丙威烟剂 200 g 防治多种病虫害。

表 3.1.6-2　病虫害防治过程记录表

班级＿＿＿＿　　组名＿＿＿＿　　姓名＿＿＿＿

序号	时间	病虫害名称	危害部位	危害程度	症状	防治方法、效果
1						
2						
3						
…						
n						

任务七　人工顶端插接嫁接

小组分工协作完成插接嫁接。温室嫁接场所全面消毒、遮阴、保证适宜温湿度，准备苗子、操作台及操作工具，实施嫁接操作。见表 3.1.7-1。

表 3.1.7-1　人工插接嫁接过程

活动步骤	活动内容
材料、设备工具准备	根据任务要求，预习准备南瓜、黄瓜插接嫁接过程资料，准备南瓜、黄瓜苗子，消毒酒精，棉球，软纸，与育苗床宽度配套的地膜；嫁接场所，每组 1 套嫁接工具（操作台、嫁接刀片、嫁接针、盆），1 个喷雾器。
小组协作完成插接嫁接	1. 明确小组成员任务； 2. 嫁接场所遮阴、摆放操作台和嫁接工具、整理苗床，并全面消毒； 3. 调控嫁接场所温度 20~24 ℃、湿度 85% 以上； 4. 嫁接前一天南瓜、黄瓜苗浇透水； 5. 插接嫁接：去南瓜生长点，在顶端斜插孔，削黄瓜苗，拔出嫁接针，插上黄瓜苗； 6. 一盘苗嫁接结束后及时放到苗床，盖上地膜； 7. 整理嫁接场所； 8. 工具用完及时清理、归位。
成果展示	用图片或视频展示操作过程。
作业	每位同学提交嫁接过程记录及心得。

知识基础

（一）黄瓜插接嫁接苗标准

砧木南瓜第一片真叶展开后，苗龄达到 10~15 d；接穗黄瓜出苗后的 2~3 d，子叶半展到展开，颜色变绿，达到标准。嫁接前一天给育苗床浇足水。

（二）嫁接环境与嫁接工具消毒

嫁接环境用遮光度 70%~80% 的遮阳网进行遮阴，以降温和减少阳光直射，保持嫁接环境温度 20~24 ℃，湿度保持在 85% 以上，用 600 倍百菌清药液对地面、墙面及空中进行均匀喷雾，或用 45% 百菌清烟雾剂熏蒸消毒。用酒精对嫁接器械、嫁接刀、嫁接针操作手进行全面消毒。

（三）具体嫁接步骤

第一，利用竹签去掉砧木的生长点，在苗茎的顶端从紧贴子叶基部内侧，向另一片子叶下方呈现出 45°角斜插，深度通常为 5~7 mm，竹签尖部到达南瓜茎的表皮或刚刚穿透，不拔出竹签。

第二，取接穗苗，在距离黄瓜子叶正下方 1 cm 处以 30°角斜切，形成 5~7 mm 长的单切面。

第三，将竹签拔出，将接穗切面向下插入砧木苗茎的插孔，此时黄瓜子叶与南瓜子叶呈十字形，即完成嫁接。

第四，嫁接后的苗子立即摆放到苗床，用地膜盖严，苗床湿度为 95% 以上。（见图 3.1.7-1~4）

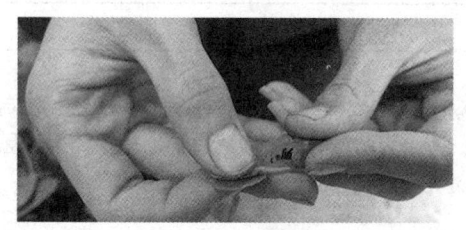

图 3.1.7-1　削接穗苗

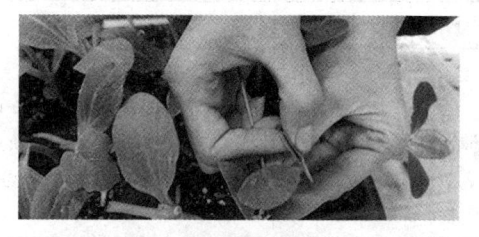

图 3.1.7-2　削好的接穗苗

图 3.1.7-3　插接穗苗

图 3.1.7-4　嫁接完成后接穗苗与砧木苗呈十字形

（四）嫁接要求

嫁接过程做到全程无污染，速度快、手法稳、插入准。如果嫁接接穗与砧木结合不紧密，可用嫁接夹将其固定。

（五）人工插接嫁接过程观察记录

记录表见表3.1.7-2。

表3.1.7-2 人工插接嫁接过程记录表

班级_____ 组名_____ 姓名_____

序号	时间段	嫁接环境温度	嫁接环境湿度	光照强度	环境消毒	嫁接株数	苗床情况	苗情状态描述
1								
2								
3								
……								
n								

任务八　嫁接后管理

小组分工协作完成插接嫁接苗管理。对温室内嫁接苗床进行遮阴、保温、保湿、通风、见光管理，嫁接成活后进行植株管理，防治病虫害，提高嫁接成活率。见表3.1.8-1。

表3.1.8-1 人工插接嫁接苗管理

活动步骤	活动内容
材料、设备工具准备	根据任务要求，预习嫁接苗管理资料；检查温室内管理温度、湿度、肥水一体、天窗、遮光、补光、CO_2施肥等的设备，2个喷雾器，1个烟雾器。
小组协作完成嫁接后的管理	1. 明确小组成员任务，坚持每天参与管理温室。 2. 嫁接后伤口愈合前温室苗床环境管理：温湿度管理，1~3 d内白天25~28 ℃，夜间20~24 ℃，湿度90%~100%，4~10 d内白天22~25 ℃，夜间14~18 ℃；通风管理，前三天密封，第四天早晚各通风20~30 min，风口为覆盖面积的五分之一，以后每天增加通风时间，第七天全部去掉苗床覆盖；光照管理，前三天用遮阳率90%的遮阳网全遮光，第四天早晚各见光1 h，以后每天增加见光时间，第七天全部见光；浇水管理，根据基质含水量的多少从穴盘面补水。 3. 嫁接伤口愈合后至出圃前管理：温湿度管理，白天22~25 ℃，夜间14~18 ℃，湿度80%，定植前3~5 d进行低温炼苗，白天20~22 ℃，夜间10~12 ℃；光照管理，充分见光，自然光照严重不足时可以适当补光；肥水管理，钢瓶液态CO_2。

(续表)

活动步骤	活动内容
小组协作完成嫁接后的管理	施肥，黄瓜真叶展开、花芽分化前开始施用750~1 000 ml/L的CO_2，同时温室内白天温度提高2~4 ℃，夜间降低1~2 ℃，每天光照0.5~1 h后开始施用CO_2，通风前30 min停止，下午不施用，阴天晚1 h施用，第十天以后可以喷淋浇水，CO_2施肥后，增加肥水供给量。 4. 植株管理，及时去除萌发的南瓜侧芽，去除污染感病植株，随时拼盘补盘。 5. 观察苗情，判断健康状况，填写操作观察记录表。 6. 按时预防病虫害。 7. 保持温室整洁。 8. 工具用完及时归位。
成果展示	用图片或视频展示操作过程。
作业	每位同学提交管理过程记录及心得。

知识基础

提高成活率。嫁接后管理关系到嫁接苗的成活率，这就要求管理人员用心、仔细、认真、规范地操作每一个环节，当因素之间发生矛盾时，找到主要矛盾的主要方面，分析清楚，再去解决问题，灵活管理至关重要。

嫁接口愈合前严防污染与幼苗失水。苗盘干旱时要从苗盘面或底部浇小水，且水量不要污染嫁接口；及时见光或通风，见光或通风时间长短应与苗子的反应有关，发现苗子萎蔫，应立即遮阴或关闭风口，用空中喷雾或地面喷水的方法增加空气湿度。

注意CO_2施肥状况。检测温室内空气中CO_2的浓度，最适宜的CO_2浓度为750~1 000 ml/L，最高浓度为1 200 ml/L，浓度过高会使植物中毒。光照很弱时可以不施用，前后2次间隔时间少于10 d，每天最好施用超过2 h。CO_2施肥期间充分供应肥水，防治植物徒长。安全使用CO_2钢瓶，一般钢瓶出气孔压力保持在98~116 kPa，每天放气6~12 min。施肥时打开阀门，CO_2经塑料软管的通气孔均匀地输送到温室内。

植株管理。去除砧木萌芽时要看准、动作轻，把残枝、病株、病叶、杂草全部带出温室外处理，保持温室干净整洁。

防治幼苗徒长。通过温度、光照、湿度、通风、肥水管理，以及化学手段等措施调控，培育出健壮的嫁接苗。

嫁接后管理、观察记录。见表3.1.8-2。

表 3.1.8-2　嫁接后管理过程记录表

班级_____　　组名_____　　姓名_____

序号	时间	嫁接后温度	嫁接后湿度	光照强度	通风	CO_2施肥	植株管理	肥水管理	病虫防治	苗情状态描述
1										
2										
3										
……										
n										

任务九　出圃

小组分工协作完成嫁接苗出圃。温室内嫁接苗达到出圃标准，包装后运送到定植地点，记录嫁接苗商品率。见表 3.1.9-1。

表 3.1.9-1　嫁接苗出圃活动

活动步骤	活动内容
材料、设备工具准备	根据任务要求，预习嫁接苗出圃标准资料；盛放工具。
小组协作完成出圃工作	1. 明确小组成员任务； 2. 调查成苗情况； 3. 出圃前 3~5 d，适当控制浇水，逐渐降温至适应运输与定植环境的温度，锻炼幼苗； 4. 幼苗分级拼盘补盘； 5. 整盘运输，或从穴盘中将苗取出放入硬质容器中运输，保温空调车厢内温度 12~13 ℃。 6. 整理场所； 7. 工具用完及时清理、归位。
成果展示	用图片或视频展示操作过程。
作业	每位同学提交幼苗分级装箱过程记录及心得。

知识基础

根据黄瓜嫁接苗分级标准进行分级，确保幼苗质量。见表 3.1.9-2。

表 3.1.9-2　黄瓜嫁接苗分级标准

项目	一级苗	二级苗	不合格
苗高（cm）	15~20	20~30	>30
茎粗（cm）	0.4~0.6	0.3~0.4	<0.3
接口高度（cm）	6~8	4~6	<4

（续表）

项目	一级苗	二级苗	不合格
子叶	完好，呈绿色	子叶部分萎黄，但不脱落	子叶脱落
真叶数	3~4片	少于3片	少于3片
叶片健康状况	叶色正常无病叶	叶色墨绿或淡绿发黄	叶片有病斑
根系生长状况	根系完整、量多、根白色	根系较完整、少量根有微黄褐色	根系多数呈黄褐色
长势指标	强	中等	弱
品种纯度（%）	≥98	≥98	≥98

出圃嫁接苗观察记录，见表3.1.9-3。

表3.1.9-3　出圃嫁接苗观察记录

班级_____　　组名_____　　姓名_____

序号	时间	一级苗数量	占比	二级苗数量	占比	不合格苗数量	占比	商品率
1								
2								
3								
……								
n								

任务十　评价

生产实施活动全过程复盘，沉淀经验、发现新知。学生自评、互评、教师评价。见表3.1.10-1。

表3.1.10-1　实施育苗生产评价活动

活动步骤	活动内容
材料、设备工具准备	评价标准，纸，笔；相机，每组一台能上网的电脑，多媒体教室。
查看标准并评价	1. 阅读评价标准； 2. 给自己的育苗生产实施各个过程评分，给其他人的育苗生产实施各个过程评分，写下评分依据； 3. 汇总分数，求平均值，整理评分依据。
成果展示	分享评价、感悟
作业	1. 每组提交评价结果； 2. 每位同学提交评价过程及心得。

一、知识基础

制定科学的评价标准。见表 3.1.10-2。

表 3.1.10-2 育苗任务活动评价标准

评价内容	评价标准	评价依据（信息、佐证）	评价方式 自评 0.2	评价方式 他评 0.3	评价方式 教师评价 0.5	权重	得分小计	总分
职业素养	1. 遵守各项法律法规及活动管理规定； 2. 爱岗敬业、工作认真主动、善于思考、积极发言、操作规范严谨； 3. 团结协作、互帮互助。	1. 活动参与情况； 2. 考勤表； 3. 资料可行性。				0.3		
专业能力	1. 能理解嫁接育苗基本理论、壮苗对生产的意义； 2. 能看懂育苗生产实施流程，清楚注意事项； 3. 能组织分工协作，配合默契； 4. 能进行种子处理； 5. 能进行播种； 6. 能进行催芽管理；	1. 生产准备物品精准程度； 2. 产品质量与产量； 3. 实施过程记录。				0.7		
专业能力	7. 能进行嫁接前苗床管理； 8. 能判断嫁接适期； 9. 能确保砧木与接穗的嫁接适期相遇； 10. 能进行顶端插接嫁接； 11. 能进行嫁接后管理； 12. 能进行出圃前的幼苗锻炼和分级； 13. 能组织复盘研究，进行活动评价。							

二、知识拓展

（一）接穗（茄子）品种

①选用耐热、耐寒，抗病、品质佳、商品性好的高产优良品种，符合植物检疫条件，如布利塔长茄、东方长茄、爱丽舍、天园紫茄、兰杂 2 号等。每 667 m^2 用种量 12~15 g，是常规育苗用种量的 1/10 左右。

②育苗时间。砧木品种在定植85~90 d播种，出苗30 d后再播接穗（茄子）种子。

(二) 种子处理与播种

1. 种子处理

砧木种子用0.01%~0.02%的赤霉素浸泡24 h，捞出洗净，用干净湿布包好，置于温度25~30 ℃的环境中催芽。每天用清水冲洗1~2次，种子露白即可播种。接穗茄子种用10%的磷酸三钠溶液浸种20 min，然后用清水洗净，去除秕籽、杂质等，催芽露白后即可播种。

2. 基质处理

选专用育苗基质，或按草炭6份、珍珠岩3份、蛭石1份的比例配置，基质pH值为5.8~7.0。每立方米基质中加入50%多菌灵可湿性粉剂80 g，加水拌匀，基质含水量达到50%左右，用塑料薄膜覆盖，堆积密闭24 h以上，打开薄膜晾1 d后使用。

3. 穴盘选择和消毒

砧木品种选择32孔穴穴盘，茄子品种选择50孔穴、72孔穴穴盘。穴盘使用前用1%高锰酸钾溶液消毒，用清水冲洗干净晾干备用。

4. 装盘压穴

将基质均匀装入穴盘，用压孔器压深0.5~1 cm的播种穴。

5. 播种

将种子点播在压好的孔中，每穴1粒种子。

6. 用蛭石覆盖

覆盖厚度为0.5~1 cm，然后将苗盘喷透水，保持蛭石面与穴盘面相平。

(三) 出苗期管理

在温度30 ℃的出苗室内架上促出苗，一般露白的砧木种子3~5 d即可出土，茄子种3~4 d即可出土。70%出苗后搬出，摆放在育苗中心。

(四) 砧木、接穗幼苗期管理

1. 温度管理

出苗到露心（子叶展开，真叶显露），白天温度保持在20~24 ℃，夜间12~15 ℃；露心后白天22~26 ℃，夜间15~18 ℃。

2. 水分管理

拎种到出苗露心，基质持水量达到90%~100%；露心后，基质持水量达到65%~70%。

3. 查苗、补苗

幼苗第二片真叶展开后把缺苗孔补齐，每孔1株。

（五）嫁接

1. 嫁接时间

砧木5叶1心，接穗4叶1心，直径达4~5 mm，半木质化时，即可嫁接。嫁接前一天在砧木和接穗上喷一次50%多菌灵可湿性粉剂500倍液，在育苗中心的中间位置扣小拱棚，盖上棚膜、遮阳网，以备放置嫁接苗。

2. 嫁接方法

①劈接法。将符合嫁接标准的砧木苗留在穴盘内，下部留3.3 cm，保留2~3片真叶（茎紫黑度要保持在90%~100%），平口削去上部，然后在茎中间垂直切入1~1.2 cm深；接穗在绿色明显相同处保留2叶1心，去掉下端，一边一刀削成1~1.2 cm长的楔形，立即插入砧木切口处，上下茎韧皮部对齐，用嫁接夹固定好，放入嫁接苗床，从穴盘面浇水。嫁接后三天不要在苗上方喷水，以防接口错位和沾水感病。前三天完全密封，第四天傍晚通边风，此后逐渐加大通风量。第七天后每天中午喷水1~2次，9~12 d后转入正常湿度管理。（见图3.1.10-1~4）

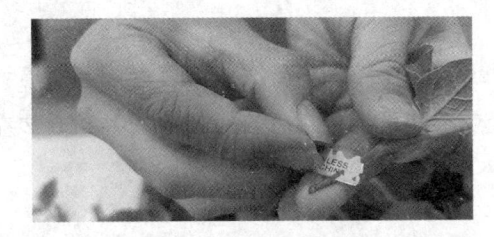

图3.1.10-1　削接穗

图3.1.10-2　劈砧木

图3.1.10-3　放接穗

图3.1.10-4　用夹子固定

②套管嫁接法。用专用嫁接固定塑料套管将砧木与接穗连接，固定在一起。胶管直径0.4 cm，嫁接前把胶管剪成0.8 mm长的胶管套备用，或用自行车气门芯（塑料软管）。要求砧木和接穗的幼苗茎粗一致，当接穗和砧木有2.5~3片真叶，株高5 cm，茎粗2 mm左右时为嫁接适期。嫁接时，在砧木和接穗子叶上方约0.6 cm处呈30°角斜切一刀，将套管的一半套在砧木上，接穗的斜面与砧木切口的斜面方向一致，再将接穗插入套管中，使其切口与砧木切口紧密结合。此法的优点是速度快、效率高，操作简便。套管能很好地保持接口周围的水分，又能阻止病原菌侵入，有利于伤口愈合，能提高嫁接成活率。幼苗成活定植后，随着时间的推移，尤其是露地栽培所用的塑料套管经过风吹日晒，会很快老化、掉落，不用人工去除。

3. 嫁接幼苗管理

摘除下部砧木的萌芽；将成活整齐的嫁接苗调整到一个穴盘内；把生长弱的苗子放在一个穴盘内，加强肥水管理，促进生长。

（六）嫁接后管理

1. 温度

嫁接苗床温度，白天 24~28 ℃，夜间 20~22 ℃。

2. 光照

嫁接后遮阴，避免阳光直接照射接穗致其萎蔫。嫁接后前三天全天遮光，第四天起早晚透光；5~7 d 逐渐增加见光时间，8~9 d 接口愈合，逐渐撤掉遮阳网，转入正常管理。

3. 湿度与通风

空气湿苗期水分管理，成苗后基质持水量达到 60%~75%，蹲苗期基质含水量降至 50%~60%。

4. 叶面喷肥

嫁接苗成活后，结合喷水喷施 0.3% 磷酸二氢钾溶液 1~2 次或浇营养液。营养液配方：每 1 000 kg 水中加入尿素 450 g、磷酸二氢钾 500 g、硫酸锌 100 g，pH 值 6.2 左右，总盐分浓度不超过 0.3%。

5. 炼苗

定植前 7~10 d 加大通风量，对嫁接幼苗进行适应性锻炼，促使菜苗适应外部环境条件。

（七）适龄壮苗定植标准

嫁接后 15~30 d，植株直立，茎粗壮，半木质化，节间较短，株高 20 cm 以上，6~9 片叶，叶片舒展，叶色偏深绿，有光泽，门茄现大蕾，株顶平而不突出，根系发达，侧根数量多，根系完好无损，呈白色，无病虫危害症状。

项目二 蔬菜生产

任务目标：
1. 了解黄瓜的定植方法，会移栽黄瓜；
2. 掌握黄瓜的生产管理过程；
3. 通过黄瓜的生产管理过程，能了解适合当地发展的黄瓜项目生产的运营情况；
4. 要脚踏实地，认真落实生产，精准计算所需物资，为社会提供健康农产品。

任务书：

以日光温室冬春季黄瓜生产为例：某一位投资者在某一村庄流转了一些土地，想要种植 1 hm² 的黄瓜，以日光温室生产为主。通过市场调研论证、落实设计规划、完成基础水利设施建设、日光温室建设、生产区配套设施建设，进入日光温室冬春季黄瓜生产过程，该公司怎样才能种植出优质的黄瓜产品？（该任务建议 24 学时）

工作流程与活动：

准备生产、定植、中耕除草、肥水管理、植株管理、病虫害防治、采收包装、评价。

任务一 准备生产

以小组为单位，分工协作，根据生产计划育 1 000 m² 的黄瓜苗，用于定植 1 hm² 地块，需要准备肥料、幼苗、农药、农膜、苗床等生产资料，耕地、植保机械等机械设备。如何准备才能顺利实施生产？见表 3.2.1-1。

表 3.2.1-1 准备生产活动

活动步骤	活动内容
材料、设备工具准备	接受任务，准备纸、笔，预习查找的资料、教材等；相机，每人一台能上网的电脑，多媒体教室。
小组分工准备生产资料和机械设备	1. 小组讨论，明确小组成员任务分工； 2. 根据分工，准确列出含有品名和规格数量的详细物品清单； 3. 按清单购买足量优质物品； 4. 检修测试机械设备； 5. 耕地计划； 6. 病虫害防治预案。

（续表）

活动步骤	活动内容
成果展示	1. 分享购买清单、感悟； 2. 完善购买清单。
作业	1. 每组提交购买清单及购置的物品图片； 2. 每位同学提交准备过程及心得。

任务二　定植

以小组为单位，分工协作，根据生产计划，日光温室内定植 1 hm² 的黄瓜，进行整地、做畦、定植。如何操作才能顺利完成定植？见表 3.2.2-1。

表 3.2.2-1　黄瓜定植

活动步骤	活动内容
材料、设备	工具准备根据任务，准备整地、肥料，准备标签纸、记号笔，预习查找的资料、教材等；相机，定植工具。
小组分工实施移栽处理	1. 明确小组成员任务分工； 2. 整地起垄，施入腐熟厩肥和磷酸钙作为基肥； 3. 深翻土壤 30 cm，翻耙、平整； 4. 起垄：小垄沟宽 0.4 m，高 25 cm，大垄沟宽 0.9 m； 5. 用穴盘嫁接苗； 6. 定植时期：以元旦开始上市为原则，10 月底~11 月初定植； 7. 定植：按株距 28~30 cm 进行定植，种苗垂直立于穴中，嫁接口高于地面 3 cm 以上； 8. 浇少量定植水。
成果展示	1. 分享定植情况； 2. 展示成活率。
作业	每位同学提交操作过程及心得。

知识链接

整地起垄。整地时，每 hm² 施入腐熟厩肥 $(2.25 \sim 3) \times 10^4$ kg，加入 750 kg 左右的磷酸钙作为基肥，将土壤深翻 30 cm 以上。种植前，翻耙、平整、做高垄。

定植。山东济宁冬春茬黄瓜移栽在 10 月下旬至 11 月上旬（寒露至霜降之间）进行，每 hm² 约栽黄瓜种苗 4.5 万棵，栽后浇足量定植水，缓苗后盖地膜。

任务三 田间管理

小组分工协作完成黄瓜田间各项管理：定植后的保温、缓苗后的正常温度、多见光、做好通风与各项条件的最佳组合、调整植株正常结果、保证产品质量和产量。具体管理措施见表3.2.3-1。

表3.2.3-1 田间管理措施

活动步骤	活动内容
材料、设备工具准备	根据任务要求，预习准备黄瓜定植后管理资料；调试肥水一体设备。
小组协作完成田间管理	1. 明确小组成员任务。 2. 温度、光照、通风管理：缓苗前白天25~30 ℃，夜间18~20 ℃，缓苗后白天24~26 ℃，夜间16~18 ℃，最低夜温不低于12 ℃；充分见光；超过32 ℃通风，22 ℃时关风口。 3. 追肥：每20 d施一次黄瓜专用肥或复合肥。 4. 灌溉：根据土壤墒情，结合黄瓜长势，晴天上午浇水。 5. 植株管理：黄瓜甩蔓时进行吊蔓，以后引蔓、落蔓；及时去除多余叶片和黄叶、病叶；疏花疏果和保花保果。 6. 填写观察记录表。 7. 按时预防病虫害。 8. 工具归位。
成果展示	用图片或视频展示管理植株的情况、成活率。
作业	每位同学提交定植后管理过程记录及心得。

知识基础

（一）环境调控原则

适宜黄瓜生长的温度是白天20~30 ℃、夜间14~16 ℃，10 ℃左右的昼夜温差，地温是20~23 ℃，原则上应保持地温15 ℃以上，当地温低于12 ℃时，根系不伸展，根毛停止发生，温度再低就有冻伤、冻死的可能性；土壤绝对含水量20%左右，空气湿度70%~80%。黄瓜喜肥，要求肥料供应充足，喜有机质丰富的肥沃土壤。根据黄瓜对环境条件的要求，对其进行精细化管理。

（二）施肥浇水

黄瓜根系浅、叶片大薄，喜欢湿润环境。80%的根瓜坐住后开始追肥，每15~20 d结合浇水追肥一次，每 hm^2 施用复合肥 225 kg 或黄瓜专用肥适量。结合墒情、苗情进行浇水，甩蔓期土壤见干见湿，结瓜期保持土壤湿润。

（三）植株调整

黄瓜属蔓性植物，6叶后不能直立。冬春茬黄瓜定植后生长期长达7个月，需要经常选晴天落蔓，落蔓时剪掉下部叶片，摘除黄叶、病叶，保持蔓高1.2~2 m，生长点在同一平面上，及时去除雄花和多余雌花。

观察记录管理过程，见表3.2.3-2。

表3.2.3-2 黄瓜定植后管理观察记录表

班级_____ 组名_____ 姓名_____

序号	时间	除草管理	中耕管理	追肥管理	浇水管理	摘蕾施肥	病虫害防治	苗情状态描述
1								
2								
3								
……								
n								

任务四　病虫害防治

小组分工协作，根据生产计划，黄瓜生产过程中需要进行全过程全方位的病虫害防治。见表3.2.4-1。

表3.2.4-1 病虫害防治

活动步骤	活动内容
材料、设备工具准备	根据任务要求，准备农药、植保工具，准备标签纸、记号笔，预习查找黄瓜病虫害防治的资料、教材等；相机，每组一套操作所需材料与工具。
小组分工实施病虫害防治	1. 明确小组成员任务分工； 2. 定植前进行土壤消毒处理； 3. 定植前进行秧苗消毒处理； 4. 观察植株长势，判断健康状况； 5. 填写观察记录表； 6. 按时预防病虫害； 7. 工具用完及时归位。
成果展示	用图片或视频展示操作过程。
作业	每位同学提交操作过程记录及心得。

知识基础

黄瓜病虫害以"预防为主，综合防治"为宗旨，科学防治病虫害。

(一) 防控重点

主要病虫害有霜霉病、白粉病、细菌性角斑病、灰霉病、蚜虫、粉虱、蓟马、斑潜蝇等。

(二) 主要病虫害防治措施

1. 种子消毒

播种前用10%磷酸三钠浸种20 min，再用50~55 ℃温水浸种10~15 min。

2. 灰霉病防治

使用哈茨木霉菌或枯草芽孢杆菌喷雾，化学药剂可选用小檗碱、嘧霉胺、异菌脲、腐霉利等。

3. 病毒病防治

给种子消毒，播种前用10%磷酸三钠浸种20 min，或用0.1%高锰酸钾浸种30 min。选用盐酸吗啉胍铜、菇类蛋白多糖、氨基寡糖素等喷雾，积极防治蚜虫、蓟马和烟粉虱。

4. 霜霉病防治

可选用烯酰吗啉、氰霜唑、霜霉威等防治该病。

5. 白粉病、靶斑病防治

选用40%腈菌唑可湿性粉剂4 000倍液、75%肟菌·戊唑醇水分散粒剂3 000倍液、42.5%吡唑醚菌酯·氟唑菌酰胺悬浮剂3 000倍液、40%硫黄·多菌灵悬浮剂500倍液等进行防治。

6. 害虫防治

可采用黄蓝板诱杀，黄板诱杀粉虱、蚜虫、斑潜蝇等害虫；蓝板诱杀蓟马、种蝇等害虫。田间悬挂黄板或蓝板，高度略高于植株顶部，每667 m^{2}放20~30块。利用防虫网，可有效防止蚜虫、白粉虱、斑潜蝇等多种害虫侵入。药剂可选用阿维菌素、噻虫嗪等。

表3.2.4-2 病虫害防治过程记录表

班级_____ 组名_____ 姓名_____

序号	时间	病虫害名称	危害部位	危害程度	症状	防治方法、效果
1						
2						
3						
…						
n						

任务五　采收

小组分工协作完成黄瓜采收。在10月底~11月上旬定植，元旦开始采收，直到第二年5月底结束。怎样采收才可以保障黄瓜产品的品质与产量呢？见表3.2.5-1。

表3.2.5-1　采收活动

活动步骤	活动内容
材料、设备工具准备	根据任务要求，预习准备黄瓜采收需要的器具和资料；剪刀，筐。
小组协作完成黄瓜采收	1. 明确小组成员任务； 2. 剪下达到采收标准的瓜条； 3. 理顺并轻轻装筐； 4. 运到贮藏库进行包装； 5. 保鲜送到市场； 6. 工具用完及时清理、归位。
成果展示	视频展示采收过程，图片展示收获的黄瓜成色、质量、重量。
作业	每位同学提交采收过程记录及心得。

一、知识基础

黄瓜产品、包装、运输要符合国家标准。采收后把黄瓜存放到温度10~13 ℃、空气湿度90%~95%，温湿度相对稳定，能通风换气的环境中。包装上标明产品名称、生产者、产地、净含量、日期，字迹清楚；每批黄瓜各包装、净含量一致。

任务六　案例与评价

一、案例

某村有165户，村集体以土地资源入股，吸引社会资本加入，村党支部领办合作社，以组织振兴带动产业振兴，村内有一半以上菜农种植无刺小黄瓜。村内建有育苗基地、交易市场。有苗、有种植、有技术、有物流运输，每天有150 t水果黄瓜产品销往北京、上海，足不出村便可实现育苗、种植、销售一条龙服务。百姓收入可观，形成小黄瓜大产业格局。

分析：该案例的亮点是什么？

二、评价

表 3.2.6-1　实施黄瓜生产评价活动

活动步骤	活动内容
材料、设备工具准备	评价标准，纸，笔；相机，每组一台能上网的电脑，多媒体教室。
依据标准并评价	1. 阅读评价标准； 2. 给自己的黄瓜生产实施各个过程评分，给其他人的黄瓜生产实施各个过程评分，写下评分依据； 3. 汇总分数，求平均值，整理评分依据。
成果展示	分享评价、感悟
作业	1. 每组提交评价结果； 2. 每位同学提交评价过程及心得。

表 3.2.6-2　黄瓜生产任务活动评价标准

评价内容	评价标准	评价依据（信息、佐证）	自评 0.2	他评 0.3	教师评价 0.5	权重	得分小计	总分
职业素养	1. 遵守各项法律法规及活动管理规定； 2. 爱岗敬业、工作认真主动、善于思考、积极发言、操作规范严谨； 3. 团结协作、互帮互助、诚信友善。	1. 活动参与情况； 2. 考勤表； 3. 资料可行性。				0.3		
专业能力	1. 能看懂黄瓜生产实施流程； 2. 清楚生产高品质黄瓜的关键技术； 3. 能组织分工协作，配合默契； 4. 能进行整地； 5. 能进行定植； 6. 能进行环境调控； 7. 能进行植株调整； 8. 能判断黄瓜的采收标准； 9. 能采收、包装、运输； 10. 能组织复盘研究，进行活动评价。	1. 生产准备物品精准程度； 2. 产品质量与产量； 3. 实施过程记录。				0.7		

项目三 果树生产

任务目标：
1. 了解葡萄生物学特性的一般规律；
2. 学会对葡萄进行整形修剪和周年管理；
3. 通过葡萄生产管理过程，能掌握适合当地发展的葡萄生产情况；
4. 要按照规程认真做实生产环节，精准把控所需生产条件。

任务书：

某一位果农在自己所在村庄内建成了一座面积 1 000 m² 的日光温室，用以设施葡萄的生产。通过市场调研论证、落实设计规划、完成基础建设，进入设施葡萄的生产过程，该大棚怎样才能培育出优质葡萄？（该任务建议 24 学时）

工作流程与活动：

准备生产、栽植、环境管理、肥水管理、植株管理、防治病虫害、采收、评价。

任务一 准备生产

以小组为单位，分工协作，根据生产计划，一座日光温室需种植 333 株葡萄，需要准备营养袋苗、肥料、农药、植物生长素、塑料薄膜、绑扎材料等生产资料，修枝剪、植保机械等工具。如何准备才能顺利实施生产？见表 3.3.1 - 1。

表 3.3.1 - 1 准备生产活动

活动步骤	活动内容
材料、设备工具准备	接受任务，准备纸、笔，预习查找的资料、教材等；相机，每组一张沙盘桌，教室。
小组分工准备生产资料和机械设备	1. 小组讨论，明确小组成员任务分工； 2. 根据分工，准确列出含有品名和规格数量的详细物品清单； 3. 按清单购买足量优质物品； 4. 检修测试机械设备。
成果展示	1. 分享购买清单、感悟； 2. 完善购买清单。
作业	1. 每组提交购买清单及购置的物品图片； 2. 每位同学提交准备过程及心得。

一、知识基础

表 3.3.1-2　生产一温室葡萄需要的生产资料明细表

序号	品名	规格	单位	数量	价格/元	资金/元
1	营养袋苗		株	333	5	1 665
2	有机肥料	/	kg	2 000	2.3	4 600
3	化肥	/	kg	200		750
4	农药	/	g			1 000
5	镀锌钢线		斤	130		169

二、知识链接

营养袋苗标准：不少于 4 片叶，苗高 12 cm 以上，茎基部粗 0.2 cm 以上，不少于两条毛根。

任务二　定植

以小组为单位，分工协作，根据生产计划生产一棚葡萄，需要对葡萄苗进行栽植。见表 3.3.2-1。

表 3.3.2-1　定植葡萄苗

活动步骤	活动内容
材料、设备工具准备	根据任务，准备苗木、有机肥料，以及修枝剪、皮尺、测绳、标杆、石灰、铁管、铁线、紧线器、地膜、记号笔、预习查找的资料等；相机，挖掘和灌水设备。
小组分工实施葡萄苗种植	1. 明确小组成员任务分工； 2. 按倾斜式棚架栽植搭架； 3. 挖宽 60 cm、深 60 cm 的定植沟，施入 300 kg 腐熟有机肥回填浇水沉降； 4. 5 月上旬挖 15 cm 深定植沟栽苗； 5. 定植萌发后，选留 1 个粗壮新梢培养成主蔓，引导其上架生长； 6. 8 月中旬至 9 月上旬开始控水控肥，新梢要及时引蔓上架，生长架面主梢长 3~6 m，其上间隔 20~30 cm 距离均匀分布结果枝组； 7. 10 月上旬进行冬灌，落叶后进行冬季修剪，同时全棚喷洒 3~5 波尔美度的石硫合剂； 8. 11 月上中旬扣棚覆帘，温度最好控制在 0~5 ℃，并进行全室铺地膜，然后通过白天盖帘、夜间放风使葡萄尽快进入休眠； 9. 12 月通过人工（在升温前用石灰氮加 5 倍水，搅拌静止两天，取上清液，用刷子涂抹枝芽）打破葡萄休眠。
成果展示	分享评价、感悟。
作业	每位同学提交操作过程及心得。

一、知识基础

(一) 架式

采用棚架。棚架的设立要与东西两侧墙壁的采光屋屋面平行,间距60 cm左右,然后在铁管上每隔50 cm横向拉一道8~10号铁线,两端固定在铁管上,最南端的一道铁线距温室前沿至少要留出1 m的距离,每道铁线都要用紧线器拉紧。这样就构成了一个与温室采光面相平行、间距为60 cm的倾斜式小棚架。见图3.3.2-1和图3.3.2-2。

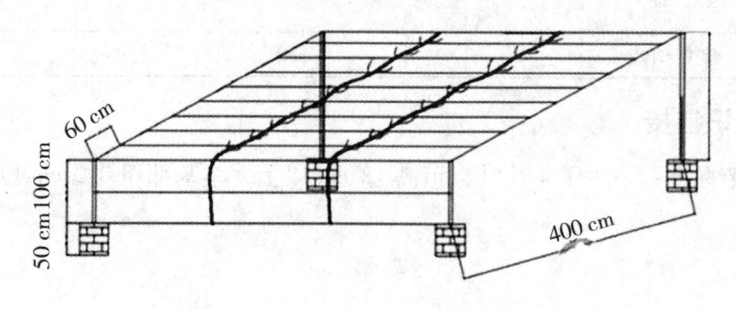

图3.3.2-1 小棚架A

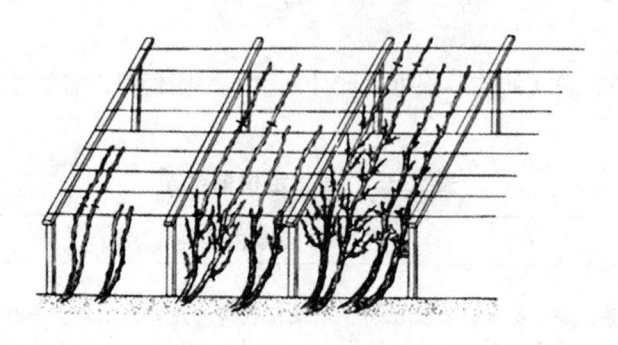

图3.3.2-2 小棚架B

(二) 栽植

首先,要栽壮苗。5月上旬前将营养袋苗定植,定植前要挖宽60 cm、深60 cm的定植沟,注意将上部熟土和下部生土分开放置,填入腐熟的优质有机肥8 m^3(下部30 cm为一层有机肥、一层熟土或与熟土混匀后回填;上部回填20 cm熟土,若无熟土,也应加入少量腐熟的有机肥混匀后回填)。回填浇水沉降后,再回填成深15 cm的定植沟进行栽苗定植。

其次,定植萌发后,选留1个粗壮新梢培养成主蔓,呈倾斜状态,长3~6 m,其上间隔一定距离均匀分布结果枝组。8月中旬至9月上旬开始控水控肥,新梢要及时引蔓上架生长;10月上旬进行冬灌,落叶后进行冬季修剪,并将残枝落叶清理干净,同时全棚喷洒3~5°Bé的石硫合剂;11月上中旬扣棚覆帘,保温、防冻温度最好控制在0~5 ℃,并进行全室铺地膜。若秋枝条成熟度不好,应提前在9月中旬扣棚延长生长期,待枝条充分成熟后进行降温。白天盖帘、夜间放风,使葡萄尽快进入休眠。

(三) 葡萄休眠期的解除

葡萄的芽存在休眠的现象，需要经过一个半月左右的低温才能解除。打破自然休眠的有效温度为 0~7.2 ℃。完全打破葡萄的自然休眠，一般气温在 0~5 ℃，经 30~45 d，或在 7.2 ℃以下，经历 800~1 200 h，就可满足生理休眠要求。以第二年 5 月底~6 月初上市为目标进行管理的早熟葡萄品种，一般在 12 月上旬开始升温，而某些早熟品种可以在 11 月底开始升温。为了使葡萄提前解除休眠，并使葡萄萌芽整齐，可进行人工打破休眠的方法。

二、知识链接

(一) 人工打破休眠的方法

单位面积（每 667 m²）内，用陶瓷器皿盛放 1 kg 石灰氮兑 5 kg 30~50 ℃的温水，进行约 1 h 的均匀搅拌，防止结块。搅拌均匀后澄清，提取上清液，用毛刷或棉纱等物沾取，均匀涂抹枝芽或用小喷雾器进行均匀地喷洒，注意不要涂抹或喷涂距地面 40 cm 以上的枝芽。处理后的枝条就近水平固定在铁丝上，保证枝条萌芽整齐。

温带地区设施葡萄促芽提前萌发，需有效低温累计达到品种需冷量的三分之二或四分之三时使用一次。一般情况下石灰氮使用的浓度在 10%~25%。选择晴好天气施用，气温以 10~20 ℃为最佳，低于 5 ℃时取消处理。从破眠剂使用到萌芽期间，空气相对湿度保持在 80% 以上。

三、知识拓展

在设施栽培中选择适合葡萄生长的树形，对于鲜食葡萄真正实现优质、稳产、高效将起到很大的作用。当前设施葡萄常用的树形：单层单臂水平龙干形、单层双臂水平龙干形（又称 T 形）、H 形。

单层单臂水平龙干形也称单层单臂水平形（见图 3.3.2-3），主干有一个，干高 60 cm，在主干顶部沿行向保留单臂，单臂由北向南水平绑缚在铁丝上，臂上均匀分布结果枝组，结果枝组间距 20~25 cm。株距 0.7~1 m，行距一般为 1.5~2.5 m。

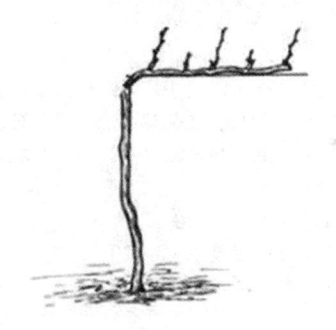

图 3.3.2-3 葡萄单层单臂水平形 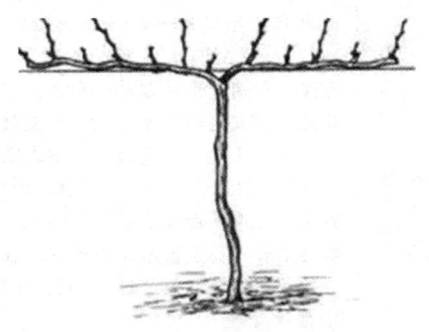　　图 3.3.2-4 葡萄单层双臂水平龙干形

单层双臂水平龙干形（见图3.3.2-4），由一个主干和两个水平蔓及若干结果枝组组成。植株一个主干，高1.0~1.2 m，在主干的顶部沿铁丝方向分出两个臂，每一个臂上均匀分布5~7个结果枝。株行距1~1.5 m×2~3 m，架高1.5~2 m。如果是篱架栽培，则在第一道铁丝的上部25~30 cm处拉第二道铁丝，需要的时候可以拉第三道铁丝，一般为三道铁丝，向上引缚葡萄的新梢，最上部要进行新梢的反复摘心，以控制树势。如果采用高、宽、垂架栽培，则将结果母枝上长出的新梢分向两边，分别引缚在横梁两端的铁丝上，大部分新梢随生长而自然下垂。该树形适合于篱架和高、宽、垂架。

H形树形（见图3.3.2-5），主干高1.6~2.0 m，在主干的部位分生出两个主枝，然后每个主枝上再分生出两个副主枝，呈"H"形分布于棚面的两个方向，主蔓上着生结果枝组和结果枝，不设侧蔓，适用于棚架葡萄栽培。具有架面高、光照条件好、花芽分化充分、稳产性好、新梢生长缓和、葡萄成熟一致、树体结构简单、枝条分布规则、管理简便、省工省时等优点。

1. 主干　2. 主蔓　3. 副主枝

图3.3.2-5　葡萄H形

任务三　环境调控

以小组为单位，分工协作，根据生产计划生产一棚葡萄，需要对温室进行环境调控。见表3.3.3-1。

表3.3.3-1　环境调控

活动步骤	活动内容
材料、设备工具准备	根据任务，准备保温被、银色反光膜、燃煤日光温室热风炉、电动温室卷帘机等。
小组分工实施环境调控	1. 明确小组成员任务分工。 2. 温度管理 升温催芽期：催芽期第一周白天温度15~20 ℃，夜间温度10~15 ℃；随后应逐渐提升温度，直到萌芽发育期，白天将温度升至20~25 ℃，夜间温度则在15 ℃左右。 开花期：开花前白天温度控制在25 ℃以下，夜间温度保持在7~8 ℃；开花后白天温度以15~28 ℃为宜，夜间温度控制在14 ℃以上。 新梢生长期：白天温度在20~25 ℃，夜间温度在15 ℃左右。 浆果生长期：坐果后，白天温度在25~28 ℃，夜间温度在18~20 ℃。 浆果成熟期：白天超过35 ℃，及时放风降温，夜间温度15 ℃左右。 3. 湿度管理 葡萄芽萌动到开花前，室内相对湿度以70%~80%为宜，花期相对湿度控制在60%~65%。

（续表）

活动步骤	活动内容
小组分工实施环境调控	4. 光照管理 选择透光性好、透光率衰减速度慢的无滴塑料薄膜，并及时清扫膜上尘土；按时揭盖保温被，尽量延长光照时间；在棚室的东、西、北三面墙上铺设银色反光膜，增加散射光，促进光合作用，果实着色期可在地面铺设反光膜，促使果穗着色均匀，提高品质。
成果展示	分享评价、感悟。
作业	每位同学提交操作过程及心得。

知识基础

表3.3.3-2　温度观测记录表

班级_____　　组名_____　　姓名_____

序号	时间		白天	夜间	温度异常及植株形态
1	升温催芽期	第一周			
		萌芽发育期			
2	开花期	开花前			
		开花后			
3	新梢生长期				
4	浆果生长期				

（一）温度管理

升温催芽期：一般不加温，日光温室从2月中旬左右开始升温，约经30~40 d葡萄即可萌芽。催芽期第一周温度应逐渐上升，白天温度应保持在15~20 ℃，夜间温度则为10~15 ℃，最低温度不能低于3 ℃。随后应逐渐提升温度，直到萌芽发育期，白天将温度升至20~25 ℃，夜间温度则在15 ℃左右，最低温度不能低于5 ℃。

开花期：开花前白天温度控制在25 ℃以下，超过25 ℃时，应适当放顶风；夜间温度保持在7~8 ℃，必要时要进行加温，以防止夜间温度过低。开花后温度以15~28 ℃为宜，超过30 ℃时，必须放风，放顶风降温换气，夜间温度控制在14 ℃以上，有利于授粉受精，提高坐果率。

新梢生长期：白天温度应控制在20~25 ℃，夜间温度控制在15 ℃左右，最低温度不低于10 ℃。

浆果生长期：坐果后，为促进幼果迅速生长，可适当提高温度，白天保持在25~28 ℃，夜间保持在18~20 ℃。

浆果成熟期：夜间温度15 ℃左右，有利于浆果着色和糖分积累。此期白天设施外温度较高，内部常出现高温现象，当温度超过35 ℃时，要注意放风降温；当外界气温稳定在20 ℃以上时，设施内常出现40 ℃以上的高温，这时应及时揭除裙膜，再逐渐揭去顶幕，使葡萄在露地生长，以改善光照和通风条件。

（二）湿度管理

葡萄芽萌动到开花前这一段时间内，室内湿度可以相对高一些，相对湿度以70%~80%为宜，花期相对湿度控制在60%~65%为宜。湿度过高，不利于花药开裂和散粉；湿度过低，则会导致花冠不易脱落。

（三）光照管理

葡萄是喜光植物，对光照敏感。葡萄设施栽培中增强光照的方法有以下三种：

①选择透光性好、透光率衰减速度慢的无滴塑料薄膜，并及时清扫膜上尘土；

②按时揭盖保温被，尽量延长光照时间；

③在棚室的东、西、北三面墙上铺设银色反光膜，增加散射光，促进光合作用，果实着色期可在地面铺设反光膜，促使果穗着色均匀，提高品质。

任务四　肥水管理

以小组为单位，分工协作，根据生产计划生产一棚葡萄，需要对温室内葡萄生产进行肥水管理。见表3.3.4-1。

表3.3.4-1　肥水管理

活动步骤	活动内容
材料、设备工具准备	根据任务，准备有机肥、化肥、滴灌施肥系统、植保工具等；相机。
小组分工实施肥水管理	1. 明确小组成员任务分工； 2. 栽植后，12~15 d进行一次追肥，前期以氮磷肥为主，后期以磷、钾肥为主，同时结合病虫害防治，每隔10 d喷施一次叶面肥； 3. 芽萌动期，追施三元复合肥、尿素； 4. 开花前，叶面补肥2~3次（尿素、液面复合肥和光合微肥等）； 5. 开花后，追施尿素，4月下旬~5月上旬追施硫酸钾； 6. 浆果膨大至成熟，叶面喷施2~3次稀土微肥和光合微肥； 7. 在升温催芽期、萌芽期、新梢旺长期、坐果期、果实膨大期和落叶以后酌情灌溉所需水。
成果展示	分享评价、感悟。
作业	每位同学提交操作过程及心得。

知识基础

（一）施肥

土壤施用以有机肥为主、化肥为辅，并配合进行叶面施肥。栽植后，12~15 d进行一次追肥,前期以氮磷肥为主,后期控制氮肥,以磷、钾肥为主,同时结合病虫害防治,每隔 10 d 喷施一次叶面肥。温室葡萄在露地栽培时,9 月下旬~10 月上旬要集中施一次基肥,基肥以充分腐熟的有机肥为主,配合速效型氮磷钾和适量的微肥,每公顷施用有机肥 75 000 kg、硫酸钾 750 kg;芽萌动期,每公顷追施三元复合肥 750 kg、尿素 750 kg;开花前进行叶面补肥 2~3 次(尿素、液面复合肥和光合微肥等);开花后,结合浇水,追施尿素 750 kg;4 月下旬~5 月上旬,每公顷追施硫酸钾 750 kg,浆果膨大至成熟,叶面喷施 2~3 次稀土微肥和光合微肥。

(二)灌溉

温室内水分不易散失,湿度大容易导致病害,灌水的次数宜少不宜多。在土壤湿度基本满足葡萄生长发育要求的情况下,尽量不灌水或少灌水。温室内不宜采用大水漫灌,最好采用膜下灌溉或膜下滴灌,也可以适用渗灌,切不可采用喷灌。葡萄的主要需水期在升温催芽期、萌芽期、新梢旺长期、坐果期、果实膨大期和落叶以后。

任务五 植株管理

以小组为单位,分工协作,根据生产计划,生产一棚葡萄,需要对温室内葡萄生产进行植株管理。见表 3.3.5-1。

表 3.3.5-1 植株管理

活动步骤	活动内容
材料、设备工具准备	根据任务,准备修枝剪、绑扎材料、支柱、10 或 12 号镀锌铁丝、紧线器、钳子等;相机,每组一套操作所需材料与工具。
小组分工实施植株管理	1. 明确小组成员任务分工。 2. 抹芽定梢:新梢能明确分开强弱时,进行第一次抹芽;新梢长到约 20 cm 时进行第二次抹芽;新梢长到 40 cm 左右时进行第三次抹芽,使每平方米架面可保留 8~12 个新梢。 3. 绑蔓引缚和去卷须:在萌芽前,要将主蔓按照不同的整形方式进行绑蔓;新梢长到 40 cm 左右时,要进行新梢引绑,同时要及时摘除新梢上发出的卷须。 4. 新梢摘心:在个别花开时对所有新梢进行摘心,摘心位置以叶片大小为正常叶片大小的 1/3 处进行,花上 7~8 片叶。 5. 副梢处理:将营养枝发出的副梢,只保留顶端两个副梢,留下的每个副梢上留 2~4 片叶摘心;副梢上发出的二次副梢,只留顶端一个副梢的 2~3 片叶摘心,其余的副梢长出后,应立即从基部抹除;副梢上发出的二次副梢、三次副梢只留一片叶,反复摘心直到果实着色时停止。 6. 花果管理:结果枝长度达到 20 cm 至开花前进行花序疏除,强壮的结果枝留 2 穗,中庸枝留 1 穗,弱枝不留穗;开花前一周左右,将花序顶端用手指掐去其全长的 1/4 或 1/5 左右,并掐去副穗。

（续表)

活动步骤	活动内容
成果展示	分享评价、感悟
作业	每位同学提交操作过程及心得

一、知识基础

（一）抹芽定梢

抹芽（见图3.3.5-1）定梢根据树势情况而定，树势弱的要早抹早定，树势强的、旺的要晚抹晚定。一般从萌芽至开花，可连续进行2~3次。当新梢能明确分开强弱时，进行第一次抹芽，并结合留梢密度抹去强梢和弱梢，以及多余的发育枝、副芽枝和隐芽枝。在棚架情况下，留梢的密度一般每平方米架面可保留8~12个。当新梢长到约20 cm时进行第二次抹芽，并按照留梢密度进行定梢，去强弱、留中庸。当新梢长到40 cm左右时，再次抹去个别过强的枝梢。

图3.3.5-1 抹芽

（二）绑蔓引缚和去卷须

在萌芽前，要将主蔓按照不同的整形方式进行绑蔓。萌芽后新梢长到40 cm左右时，要进行新梢引绑，注意引缚要使新梢均匀地分布在架面上。对于已经留下的弱梢，可以不引绑，任其自然生长；对于强梢，可以将其呈拱形引缚于架面上，以削弱其生长势。在引缚新梢的同时，对新梢上发出的卷须要及时摘除。（见图3.3.5-2）

图3.3.5-2 去卷须

（三）新梢摘心

在个别花开时对所有新梢进行摘心，摘心位置以叶片大小为正常叶片大小的1/3处进行，花上7~8片叶为好，并同时去掉花穗以下所有副梢，以增加摘心效果。

（四）副梢处理

对于营养枝发出的副梢，只保留顶端两个副梢，其余副梢进行单叶绝后处理，留下的每个副梢上留2~4片叶摘心。副梢上发出的二次副梢，只留顶端一个副梢的2~3

片叶摘心,其余的副梢长出后,应立即从基部抹除。对于摘心后的结果枝发出的副梢,一般将花序下部的副梢去掉,上部副梢除顶部有 2~3 个副梢外,其余副梢全部进行单叶绝后处理,留下的副梢有 2~3 片叶摘心,副梢上发出的二次副梢、三次副梢只留一片叶,反复摘心直到果实着色时停止。这段时期共摘心 4~5 次。(见图 3.3.5-3)

(五)花果管理

要获得果粒大、色泽好的葡萄,必须控制负载量和每个果穗的果粒。结果枝长度达到 20 cm 至开花前都可以进行花序疏除,强壮的结果枝留 2 穗,中庸枝留 1 穗,弱枝不留穗,将产量控制在每 667 m² 2 000 kg 左右。开花前一周左右,将花序顶端用手指掐去其全长的 1/4 或 1/5 左右,并掐去副穗。对于无核葡萄品种,要进行果粒膨大处理,品种不同,采用的处理方法也不同。

图 3.3.5-3 副梢摘心

二、知识链接

无核葡萄处理。一般在开花前 7 d 左右用 20~50 mg/kg 奇宝进行果粒拉长处理;在盛花期用含赤霉素 30~50 mg/kg 的植物生长调节剂、盛花后 7~20 d 用含赤霉素 30~100 mg/kg 的植物生长调节剂,喷布或浸泡果穗 1~2 次,可使无核葡萄果粒增大 1~2 倍,同时还可提高坐果率。

任务六 病虫害防治

以小组为单位,分工协作,根据生产计划,生产一棚葡萄,需要对温室内葡萄生产进行病虫害防治。见表 3.3.6-1。

表 3.3.6-1 病虫害防治

活动步骤	活动内容
材料、设备工具准备	根据任务,准备农药、植保工具,准备标签纸、记号笔,预习查找的资料、教材等;相机,每组一套操作所需材料与工具。
小组分工实施病虫害防治	1. 明确小组成员任务分工; 2. 萌芽期防治铲除越冬残留的病虫; 3. 展叶期防治黑痘病、绿盲蝽、葡萄斑蛾; 4. 开花前防治黑痘病、灰霉病、穗轴褐枯病及绿盲蝽、叶蝉;

（续表）

活动步骤	活动内容
小组分工实施病虫害防治	5. 开花后至果实套袋前防治灰霉病、炭疽病、红蜘蛛、斑衣蜡蝉； 6. 果实膨大至成熟期防治霜霉病、黑痘病、炭疽病、白腐病； 7. 果实采收后防治各种病虫病害。
成果展示	分享评价、感悟。
作业	每位同学提交操作过程及心得。

知识基础

坚持"预防为主，综合防治"的植保方针，以农业防治为基础，提倡人工防治、物理防治及生物防治，按照病虫发生规律科学使用化学防治技术。重点防治白粉病、灰霉病、霜霉病、黑痘病、炭疽病、绿盲蝽、叶蝉、蓟马、红蜘蛛、斑衣蜡蝉、蚜虫等病虫害。

设施葡萄生产期病虫害综合防治方案见表3.3.6-2。

表3.3.6-2 设施葡萄生产期病虫害综合防治方案

物候期	防治对象	综合防治措施
萌芽期	铲除越冬残留的病虫	喷1遍3~5°Bé石硫合剂
展叶期	黑痘病、绿盲蝽、葡萄斑蛾	喷施80%代森锰锌600~800倍液或50%多菌灵500倍液，加入菊酯类农药杀虫
开花前	黑痘病、灰霉病、穗轴褐枯病及绿盲蝽、叶蝉	喷施50%多锰锌可湿性粉剂500倍液或78%科博可湿性粉剂600倍液，10%歼灭乳油3 000倍液或高效氯氰菊酯乳油2 000~2 500倍液杀虫
开花后至果实套袋前	灰霉病、炭疽病、红蜘蛛、斑衣蜡蝉	喷施40%氟硅唑8 000倍液+10%歼灭2 000倍液
果实膨大至成熟期	霜霉病、黑痘病、炭疽病、白腐病	喷施43%好力克悬乳剂3 000~5 000倍液
果实采收	各种病虫害	修剪、彻底清园（枝、蔓、皮、叶、果等残体清除干净），喷5°Bé石硫合剂

表 3.3.6-3　病虫防治过程记录表

班级_____　　组名_____　　姓名_____

序号	时间	病虫名称	危害部位	危害程度	症状及防治方法、效果
1					
2					
3					
……					
n					

任务七　采收

以小组为单位，分工协作，根据生产计划，生产一棚葡萄，需要对温室内葡萄进行采收。见表3.3.7-1。

表 3.3.7-1　采收

活动步骤	活动内容
材料、设备工具准备	根据任务，准备采收工具、采果剪、采果篮或采果箱，准备标签纸、记号笔，预习查找的资料、教材等；相机，每组一套操作所需材料与工具。
小组分工实施葡萄采收	1. 明确小组成员任务分工； 2. 产量估算：选代表性植株5~10株，分特大、大、中、小4级，每级果穗平均穗重相乘的和即为单株产量，再乘每亩株数即可得亩产； 3. 采收工具：采果剪、采果篮或箱等； 4. 确定采收时间：5月底、6月上旬采收。葡萄采收应选择在晴天早晨露水干后，在上午10点以前或下午3点以后为宜； 5. 采收方法：一手持采果剪，一手紧握果穗梗，于贴近果枝处带果穗梗剪下，轻放入采果篮中，采果篮中以盛放3~4层果穗为宜。
成果展示	分享评价、感悟。
作业	每位同学提交操作过程及心得。

一、知识基础

（一）采收前的准备

产量估算：选代表性植株5~10株，分特大、大、中、小4级，每级果穗平均穗重相乘的和即为单株产量，再乘每亩株数即可得亩产。

采收工具：采果剪、采果篮或箱等。

市场调研：要预先做好市场调查、广告宣传和销售联络工作。

确定采收时间：根据果实的采收标准和用途，确定采收日期，一般在5月底、6月上旬采收。葡萄采收应选择在晴天早晨露水干后，在上午10点以前或下午3点以后为宜；同一品种、采收成熟度一致的，要分批采收，即熟一批采一批，以减少损失和提高品质。

（二）采收标准

①果穗紧密，浆果充分成熟、着色好、组织紧实及果皮、果粉和蜡被都厚。

②一般果实含糖量应达到15%以上。

③果肉稍有变软并有弹性，设施葡萄主要用于鲜食，最好在浆果接近生理成熟时及时采收。达到生理成熟的标志：白色品种果粒由绿色变黄绿或黄白色，略呈透明状；紫色品种果粒由绿色变浅紫或紫红、紫黑色，具有白色果粉；红色品种由绿色变浅红或深红色。

"快、准、轻、稳"的原则：快，就是采收、装箱、分选、包装等环节要迅速，尽量保持葡萄的新鲜度；准，就是下剪位置、剔除病虫果和破损果、分级、称重要准确无误；轻，就是轻拿轻放，尽量不擦果粉、不碰伤果皮、不碰掉果粒，保持果穗完整无损；稳，就是采收时果穗拿稳，装箱时果穗放稳，运输、贮藏时果箱摞稳。

（三）采收方法

采收前对果穗喷布液体葡萄保鲜剂，待干后采收。采收时要遵循"快、准、轻、稳"的原则，一手持采果剪，一手紧握果穗梗，于贴近果枝处带果穗梗剪下，尽量不擦果粉、不碰伤果皮、不碰掉果粒，保持果穗完整无损，轻放入采果篮中。采果篮中以盛放3~4层果穗为宜，及时转放到果箱，随采随装运，快速运送到果棚，以便及时进行果穗整修和分级包装。

二、知识拓展

（一）盆栽果树技术要点

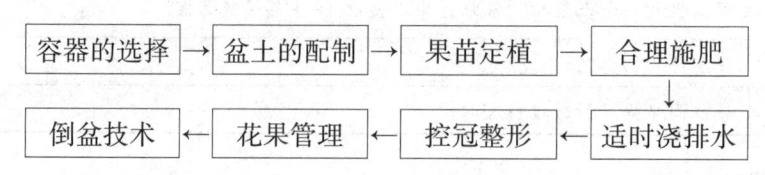

容器的选择 → 盆土的配制 → 果苗定植 → 合理施肥
↓
倒盆技术 ← 花果管理 ← 控冠整形 ← 适时浇排水

1. 容器的选择

盆栽果树的容器种类繁多，从材质上可分为素烧盆、紫砂盆、塑料盆、陶瓷盆等，要求既能满足果树的生长，又要经济、美观、牢固。树冠大、结果多的，应选用大的容器；树体较小的，可选用小的容器。各种容器的底部都要有排水孔，以便及时将多余的水排出，防止积水烂根。

2. 盆土的配制

盆土一般要求土质疏松、重量轻，保湿、排水性能均好。土壤呈微酸性至中性，pH值为6~7。通常采用的盆土配方为园土4份、腐叶土3份、河沙1份、蛭石1份、草木灰1份，充分混合均匀后辗细过筛，放在透明塑料袋中，在日光下曝晒一周杀菌，并经常翻动。

3. 果苗定植

在春季萌芽前定植，选择植株长势健壮、未遭病虫害损害的植株。定植前应适度修剪根系，剪除坏死根，将受伤侧根修剪整齐，并将过长的侧根剪短，以利于其长出须根，并尽量避免过度修剪须根，修剪完毕用多菌灵喷洒根系。盆底部先放置1~2 cm厚的破碎炉渣、碎石子或砂子，以利于排水通气。用浅盆、小盆时，可在排水孔处铺塑料纱网或棕皮，然后加入少量盆土，将果苗放在盆中央，使根系向四周舒展，尽量不弯根。再将盆土慢慢加入，不断提根，覆土至根颈处，用手将土轻轻压实，使土与根密接，花盆需留2 cm高的水口（即盆土的容量应保持低于盆沿2 cm左右，以方便浇水），浇透水。

4. 合理施肥

果树定植后不能马上进行施肥，待果树在新环境中"服盆"，长出新叶后或萌发新根后方可施肥。营养生长期可追氮肥，生殖生长期追施磷、钾肥，本着少施多次的原则，并结合叶面喷肥，以保证营养的供给。

5. 适时浇排水

果树定植后，在新盆中第一次浇水必须浇透，浇水次数不要太多。盆中表层土发白即需要浇水；轻敲盆侧，声音清脆，说明土干，即需要浇水。浇水要透，以盆底排水孔有水渗出为宜，但不宜过多，浇水过多容易使养分流失，有条件时最好用滴灌或微滴灌。休眠期要严格控制浇水，以盆土不过干为度。土壤过湿，易引起烂根，需排水，特别是根系喜氧的果树，当土壤过湿不干时，更需注意排水。

6. 控冠整形

根据果树生长结果习性及观赏要求，盆栽果树常用树形有主干形、扇形、丛状形、自然开心形或树桩形。其常采用摘心、环割、环剥、短截、疏枝、扭梢等修剪措施，避免开张角度过大，徒长枝疯长，而造成养分流失。通过疏剪、短截、回缩等手段，以打造理想的造型，还可通过捆绑以固定树形。另外，还可以进行药剂处理，如使用矮壮素、多效唑等。旧土倒扣出盆后，应去除土表层的老根及影响盆景造型的大根。上盆时，避免根系二次损伤，注意观察上盆后的生长状况，及时调整。换盆应在春秋季根系生长高峰期进行。盆栽果树在越冬前，要先浇透一次水。盆栽树量少时可在室内越冬或在阳台越冬，如不能，也可用药剂控制树冠，使植株矮小，既能增强观赏价值,又能达到早果丰产的目的。

7. 花果管理

盆栽果树要搭配好授粉品种,可采用人工授粉或在单一品种果树上嫁接多个授粉品种枝条。为了提高果实品质和果树盆景的观赏价值,可以进行套袋处理,在果实成熟前的半个月内进行贴字,使果品具有更丰富的寓意。

8. 倒盆技术

倒盆主要是为了更换盆土和盆体,同时提高盆景的观赏价值。根据树龄、树种的不同,一般每隔1~2年需及时倒盆1次,更换新的营养土,可将盆壁四周用草或草袋包扎,外面再用薄膜包好越冬。盆栽多且埋土方便的要埋土越冬,即在果树落叶前后、霜冻之前,开沟将盆成行埋入土中,盆沿口填碎草或落叶,以利于盆土通气。

任务八 评价

生产实施活动全过程复盘,沉淀经验、发现新知。学生自评、互评、教师评价。见表3.3.8-1。

表3.3.8-1 日光温室葡萄生产任务评价过程

活动步骤	活动内容
材料、设备工具准备	评价标准,纸,笔;相机,每组一台能上网的电脑,多媒体教室。
查看标准并评价	1. 阅读评价标准; 2. 给自己的葡萄生产实施各个过程评分,给其他人的生产实施各个过程评分,写下评分依据; 3. 汇总分数,求平均值,整理评分依据。
成果展示	分享评价、感悟。
作业	1. 每组提交评价结果; 2. 每位同学提交评价过程及心得。

制定科学的评价标准,见表3.3.8-2。

表 3.3.8-2　编写项目规划方案活动的评价标准

评价内容	评价标准	评价依据（信息、佐证）	评价方式 自评 0.2	评价方式 他评 0.3	评价方式 教师评价 0.5	权重	得分小计	总分
职业素养	1. 遵守各项法律法规及活动管理规定； 2. 工作认真主动、善于思考、积极发言、操作规范严谨、诚实守信、提供健康产品； 3. 团结协作、互帮互助。	1. 活动参与情况； 2. 考勤表； 3. 资料可行性。				0.3		
专业能力	1. 能了解葡萄设施生产的经济意义； 2. 能看懂葡萄设施生产的实施流程，清楚注意事项； 3. 能组织分工协作，配合默契； 4. 能进行葡萄苗栽植； 5. 能进行人工打破葡萄休眠； 6. 能进行设施内环境调控； 7. 能进行葡萄生产的肥水管理； 8. 能进行植株的管理； 9. 能进行病虫害的防治； 10. 能进行适期采收； 11. 能组织复盘研究，进行活动评价。	1. 生产准备物品精准程度； 2. 产品质量与产量； 3. 实施过程记录。				0.7		

项目四 花卉生产

任务目标：

1. 了解切花月季品种；
2. 掌握切花月季的生态习性；
3. 掌握切花月季的生产流程和生产技术；
4. 掌握切花月季的采收和采后保鲜技术；
5. 能进行切花月季的生产运营。

任务书：

某鲜切花生产公司建成一栋面积10 000 m² 的现代化智能温室，拟生产切花月季，年生产能力为200万枝，通过市场调研论证、落实设计规划、完成基础建设，进入鲜切花月季的生产阶段，该公司如何生产出高质量的切花月季？（该任务建议24学时）

工作流程与活动：

准备生产、定植、环境管理、肥水管理、植株管理、病虫害防治、采收包装、评价。

任务一 准备生产

根据切花月季的生育周期，预计盛花期每年采收4次，分别供应春节、情人节、劳动节、国庆节和元旦。以小组为单位，分工协作，根据年生产200万枝计划，每一批次可生产60万枝切花月季供应需要。需栽植红色品种"卡罗拉"15 000株，产花30万枝；黄色品种"金香玉"8 300株，产花10万枝；粉色品种"粉佳人"8 300株，产花10万枝；白色品种"坦尼克"8 000株，产花10万枝。需要准备肥料与种苗、农药、基质、遮阴网等生产资料，基质搅拌机、植保机械等机械设备，维护生产设施设备等。如何准备才能顺利实施生产？见表3.4.1-1。

表 3.4.1-1 准备生产活动

活动步骤	活动内容
材料、设备工具准备	接受任务，准备纸、笔，预习查找的资料、教材等；相机，每组一张沙盘桌，教室。
小组分工准备生产资料、机械设备和维护生产设施设备	1. 小组讨论，明确小组成员任务分工； 2. 根据分工，准确列出含有品名和规格数量的详细物品清单； 3. 按清单购买足量优质物品； 4. 检修测试机械设备； 5. 检修测试生产设施和设备。
成果展示	1. 分享购买清单、感悟； 2. 完善购买清单。
作业	1. 每组提交购买清单及购置的物品图片； 2. 每位同学提交准备过程及心得。

一、知识基础

（一）月季的基础知识

切花月季又称鲜花玫瑰，是蔷薇科蔷薇属多年生灌木。切花月季枝条直立，枝条上有刺，枝条木质化程度高，萌发力强，耐修剪。其叶片为奇数羽状复叶，花单生新梢枝顶，花型优美，多呈高芯卷边状，花色有红、黄、粉、白及复色等，缺蓝色。切花月季是高效益的农业作物，我国各地都有切花月季产地，现在生产栽培的切花月季是经过改良的园艺品种，花色、花型丰富，周年开花，深受人们喜爱。

切花月季喜阳光充足、空气流通、能避大风侵袭的环境，但盛夏又需适当遮阴。它最适宜的生长温度是 23~25 ℃，相对湿度 70%~75%，夜间温度 15 ℃ 左右，不得低于 13 ℃，低于 10 ℃ 则停止生长，低于 5 ℃ 进入休眠，温度高于 35 ℃ 表现出生长不良，温度 38 ℃ 以上则进入休眠。关于土壤，需要选择地下水位低、疏松透气、有机质丰富的砂性壤土，适宜其生长的土壤 pH 值是 6.0~6.5。月季的根系发达，至少要求 30 cm 厚的栽培土，要求土壤疏松肥沃，忌积水。

（二）切花月季品种及品种选择

作为切花栽培的月季的主要特征是：枝条长而挺直，株型直立，刺少甚至无刺，枝条顶端侧蕾少甚至没有侧蕾，花心高耸，花型优美，花朵硕大，花瓣多，色彩艳丽。适合温室栽培的切花月季品种主要有下列数种：

红色系：卡罗拉、黑魔术、大桃红、香格里拉、荣耀、自由、传奇、玫昂红、罗德斯、高原红等；

粉色系：粉佳人、粉红雪山、玛利亚、大富贵、荔枝、粉钻等；

黄色系：金香玉、金色海岸、皇冠等；

白色系：坦尼克、白荔枝、雪山等。（见图3.4.1-1）

图3.4.1-1 月季品种

切花月季栽培面临的首要问题是品种选择。作为切花生产，生产者应购买优质种苗，尽量不要自己繁育种苗。生产者应选择适合温室栽培、株型直立、产量高（年产量应该在100枝/m^2以上）的品种。种植切花月季时，还要确定好花色搭配，切花生产中一般以红色为主，但近年来，喜爱白色和粉色月季的人也越来越多。通常栽培时，红色与黄色、粉色及其他色系品种的数量比例为3∶1∶1∶1。

（三）种植前的准备工作

1. 温室

温室首先必须满足月季生长对温度的要求。北方地区冬季生产应该给温室配备加温和保温设施，同时也要考虑夏季降温，如果外界温度在35 ℃以上，应该配备强制降温设施。这些设施如用于加温的暖风机、暖气，用于降温的风扇加水帘降温系统等。为了保证切花月季生长的整齐度，温室内各处的温度应该保持一致，偏差不超过1~1.5 ℃。北方地区可利用智能温室、日光温室栽培切花月季，南方地区可采用温室、塑料大棚栽培。日光温室应该设计合理（根据当地的气象指标进行设计），保温性能好，塑料大棚应该坚固耐用。另外，温室内必须有完整的通风系统，通风不良会增加月季感病的概率。

2. 土壤

月季栽培周期可达5~6年，开花多，需肥量大。如采用地栽的方法，首先要对土壤进行深翻40~50 cm，结合深翻对土壤进行改良。改良材料以腐熟的牛粪、猪粪、鸡粪等农家有机肥为好，也可以用稻壳、粉碎的玉米芯或农作物秸秆、锯末、草炭等。一般每100 m^2施优质农家肥底肥700~800 kg，迟效性颗粒化肥氮肥5~6 kg、磷肥7~8 kg、钾肥4~5 kg。改良后的土壤pH值最好在6.5左右。

土壤消毒可采用蒸汽消毒和化学消毒。蒸汽消毒要保证土壤温度达到82 ℃左右，并保持30~60 min；化学消毒常用的药物有呋喃丹、甲醛、氯化苦、溴化甲烷等，一般按照使用说明进行操作，注意安全使用。

3. 修建排灌系统

排灌系统力求能够做到旱能浇、涝能排。有条件最好采用滴灌，既能满足作物的生长需求,又能节约灌溉用水。

月季生长最忌积水,生产场地应该选在地下水位低的地区。如地下水位高,要求修建排水系统,排水良好的标准是灌后(沟灌)或大雨后 2 h 内无明水。

二、知识链接

(一)切花月季品种选择依据和种苗标准

对切花月季的花朵可从三个方面进行评价:首先是花型,一般选择高心卷边或高心翘角,花型优美,不易露心,开放程度慢;其次是花瓣,要求花瓣数多,花瓣质地硬,花大,外瓣整齐;最后是花色,要求花色明亮鲜艳,颜色纯正,最好带有绒光。对花枝的要求是硬挺顺直,支撑能力好,花枝长,刺少。常见的切花月季品种见表3.4.1-2。

表3.4.1-2 切花月季主栽品种

序号	品种名称	花色	花径/cm	抗病性	切枝长度/cm	年产花量/枝/m²	特点
1	卡罗拉	鲜红	10~15	强	30~50	80~100	刺多,花瓣易黑易烂
2	黑魔术	深红	12~15	强	50~60	120	刺多,花瓣易黑易烂
3	高原红	红色	9~12	强	100~120	130~150	植株直立,刺少
4	自由	红色	9~10	较强	50~60	100	刺多,容易黑边烂瓣
5	传奇	红色	10~12	强	60~80	100	花朵有光泽,甜香味
6	大桃红	深粉	12	强	60~80	100	花色艳丽,花型漂亮,浓香
7	罗德斯	红色	6~8	强	60~70	120	刺少,花瓣厚实且数量多
8	粉佳人	粉色	8~10	强	50~60	120	花茎粗壮,花型漂亮
9	坦尼克	白色	14	较强	50~60	130	白色花主栽品种
10	金香玉	金黄	10~12	中等	60~70	120~140	花型漂亮,抗黑斑差
11	假日公主	橙黄	10~12	强	80~100	150	花头大,枝条长,适应性强
12	胭脂扣	白底粉边	8~10	中等	70~90	150	颜色鲜艳

切花月季品种选择可参考以下原则:

一是根据目标市场选择品种。了解销售市场需求,逐年增加或更替,尤其是花型、花色、花头数量、枝条整体性等,以此作为选择品种的依据。

二是根据产品销售方式搭配品种。若通过花卉拍卖市场销售,品种可以少一些;若通过互联网销售,各色、各类型品种搭配尽可能丰富,注意不同品种之间的搭配比例,以满足各种需求。

三是根据种植地气候环境和设施条件筛选品种。确定了种植切花月季的基本条件后,应根据其对温度、光照等环境条件的要求及已有设施类型,从供选的品种中选择合适的品种进行种植。

四是根据生产者技术管理水平和生产成本投入情况筛选品种。市场喜好的品种，生产管理投入较多，也应有持续投入的资源。

品种的选择切忌盲目求新、求异，选择一个与设施、管理技术相配套的高产且售价相对较高的品种种植才能取得较高的经济效益。

任务二 定植

以小组为单位，分工协作，根据生产计划，每一批次生产60万枝月季鲜切花，如果每株种苗产10枝花，则共需定植39 600株种苗。见表3.4.2-1。

表3.4.2-1 种苗定植

活动步骤	活动内容
材料、设备工具准备	根据任务，准备定植工具铁锹、软尺、小铲、定位绳，准备标签纸、记号笔，预习查找的资料、教材，准备订购的种苗等；相机。
小组分工实施种苗定植	1. 明确小组成员任务分工； 2. 种苗选择：2年生苗，苗高15~25 cm，根长8~15 cm的健康苗； 3. 做畦：畦的高度在20~30 cm，畦面宽60~120 cm，步道宽40 cm，每行苗配2条滴灌管； 4. 定植：每畦的行数可分为两行式、三行式和四行式，其株距分别为35 cm、30 cm、25 cm，畦宽分别为100 cm、120 cm、160 cm，嫁接口高于地面0.3 cm； 5. 定植后管理。
成果展示	用图片或视频展示操作过程。
作业	每位同学提交操作过程及心得。

一、知识基础

（一）定植时间

温室内栽植一年四季都可以，最佳时间是3~6月和9~10月，避免夏季定植。最好的定植时间是早春，这时最适合月季的生长，缓苗后有近一年的幼苗生长时间，管理得当，冬季可生产少量切花。

（二）种苗选择

栽培品种确定后，接着选择种苗类型。可选择砧木实生嫁接苗，根系发达。种苗品种要纯正，根系要发达，整齐度好，大小一致，苗龄不能太小，也不能太大，可选择2年生苗（即跨年度的苗）。苗高15~25 cm，有一新梢；成熟功能叶为五小叶，健康未脱落；根长8~15 cm，根系满布，出现未半围根；没有根瘤；所有叶片无病斑、无腐烂和虫害。

以嫁接苗、杯苗方式为好。(见图3.4.2-1)

（三）做畦

月季在栽培中一般采用高畦栽培，要求畦高一致，畦面要平整，具体宽度要根据品种要求和棚室的跨度调整。起畦后，每个畦面上安装2~3条滴灌设备，便于后期浇水、施肥。

（四）定植

根据每畦的行数可分为两行式、三行式和四行式，其株距分别为35 cm、30 cm、25 cm，畦宽分别为100 cm、120 cm、160 cm，主要根据品种而定。如果品种的株型比较扩张，宜采用两行式；如果株型直立紧凑，可采用三行式或四行式。

定植时，时间选择阴天或傍晚为最佳，拉线栽植，挖出10 cm宽的小沟，挖穴深度以接口与土平而稍高出地面0.3 cm为宜。栽时，将月季苗的枝杈朝着过道方向摆放（见图3.4.2-2），使根系舒展开，培土时使土分散在根之间，培完土后轻轻踩几下，边踩边提苗，使月季的根系呈向下状。营养钵扦插苗栽后覆土与原钵土平即可，嫁接苗苗木嫁接部位应置于土表上1~2 cm，不可将嫁接口埋到土中，也不能过分高于畦面，定植时种苗交错定植。作为温室切花栽培，最好用株型直立的品种进行适当密植（10株/m²）。两行式在实际生产中使用得比较多，通风好，管理方便。

图3.4.2-1 月季种苗

定植后立即浇透水，使根系与土壤紧密接触，对栽后被水冲露根或栽植浇水后的苗进行培土。直到缓苗，若土壤不缺水，则无须浇灌。温度或光照过强时可上遮阴网。

图3.4.2-2 月季定植

（五）定植后管理

定植后70~90 d主要围绕"促根""促株""促产花主枝"进行管理。第二次浇水在完全缓苗后根系恢复生长，有新枝芽发出时再进行。如果表土过干，可在土壤表面喷洒少量水，保持土壤湿润即可。空气湿度保持在80%~90%。（见图3.4.2-3）

图 3.4.2-3　定植后月季生长

定植后的温度不能太高，最初 15 d 最好保持在 10 ℃左右，半个月后温度可缓慢升至 10~15 ℃，一个月后再升高到 20 ℃左右，2 个月以后温度保持在 25 ℃左右。

如底肥充足，幼苗期可不用追肥，后期可适当进行叶面施肥。

二、知识链接

（一）月季种苗类型

月季种苗一般有两种，分别为扦插苗和嫁接苗。扦插苗有自根扦插苗，即把品种月季的枝条剪下来，直接扦插形成种苗。嫁接苗一种是砧木扦插嫁接苗，即把砧木（一般是蔷薇）枝条剪下来，扦插成活后在上面嫁接品种月季；另一种是砧木实生嫁接苗，即用砧木的种子进行播种，形成实生苗，在砧木的实生苗上嫁接品种月季。嫁接苗要优于自根扦插苗，并且又以实生嫁接苗为最好。对嫁接苗来说，芽一定要嫁接在砧木的根茎部位。

任务三　日常管理

以小组为单位，分工协作，完成切花月季苗期的日常管理，调节温室内环境条件以适合月季的生长，预防病虫害。见表 3.4.3-1。

表 3.4.3-1　日常管理

活动步骤	活动内容
材料、设备工具准备	根据任务要求，预习准备切花月季的日常管理资料；调试温室内管理温度、肥水一体、天窗等的设备，2 个喷雾器，1 个烟雾器。

(续表)

活动步骤	活动内容
小组协作完成月季的日常管理工作	1. 明确小组成员任务，坚持每天参与管理温室； 2. 调控温室的温度、湿度、通风设备； 3. 观察苗情，判断健康状况； 4. 填写观察记录表； 5. 保持温室整洁； 6. 工具用完及时归位。
成果展示	用图片或视频展示操作过程。
作业	每位同学提交管理过程记录及心得。

知识基础

（一）温度、湿度管理

切花月季生长适宜的温度是昼温 23~25 ℃，而且每天保持此温度要不低于 5 h，否则会大大影响产花量；夜温 12~16 ℃，不能低于 10 ℃，冬季如果夜温达不到要求，则需要启动加温设备，早晚卷帘、放草帘要及时。夏季要注意防止温度过高，可通过通风、遮阳网控制温度。夏季温度连续高于 30 ℃ 且处于干旱条件，植株处于半休眠状态。

空气相对湿度宜在 70%~80%，但稍干、稍湿也可。当设施内温度高于 28 ℃ 时，要及时通风，在夏季适当遮阳降温。因为月季是喜光植物，所以在降温的同时也要保证足够的光照，否则植株生长势较弱。

（二）水分管理

春秋季节通常每 7 d 浇 1 次水，夏季植株需水量较大，每 3~4 d 浇 1 次水，浇水的时间在早晨为好。冬季通常 10 d 浇 1 次水，浇水时间在中午。浇水应该以土壤干湿程度和植株长势来定。月季的浇水应该做到有干有湿，干湿交替。

月季需水量最大的时期是萌芽及抽梢期，营养生长阶段要求肥水供应充足。浇水时尽量不要淋湿叶片，以防发生霜霉病和白粉病。

（三）肥料管理

月季施肥是把所需的大量元素或微量元素配成复合肥料施用。生长发育期间施肥的原则是薄肥常施，其浓度一般根施为 1%~2%，叶面喷施为 0.1%~0.2%，营养生长期施肥比例 N:P_2O_5:K_2O = 3:1:2，开花期为 3:1:3。浇水与施肥可以同时进行，一般每 2~4 周施用 1 次。

（四）光照、通风管理

月季是喜光植物，应保证足够的光照。在北方地区夏季温度高，光照强，可以用遮阳网等进行遮光。月季怕冷风直吹，在冬季寒冷风大的天气，避免放大风和放底风，应采用高腰风，防止畸形花出现。冬季通风要注意温度，即使出现连续低温的天气也要适当通风见光。

任务四　切花月季的整形修剪

以小组为单位，分工协作，完成切花月季营养枝和开花母枝的培养。见表3.4.4-1。

表3.4.4-1　月季的整形修剪培养

活动步骤	活动内容
材料、设备工具准备	根据任务要求，预习切花月季整形修剪资料；枝剪，压枝绳，防护手套。
小组协作完成整形修剪	1. 明确小组成员任务，确定修剪的方法和时间； 2. 幼苗期修剪：摘心，摘蕾，用压枝和折枝法培养月季营养枝，培养花枝； 3. 成苗期修剪：摘除开花枝上的侧芽与侧蕾，摘除营养枝的花蕾； 4. 产花期：摘蕾，套网套，修剪； 5. 采花后期修剪：清桩处理，中耕； 6. 保持温室整洁； 7. 工具用完及时归位。
成果展示	用图片或视频展示操作过程。
作业	每位同学提交管理过程记录及心得。

知识基础

下面介绍幼苗期的修剪。

种苗定植到产花期为幼苗期，一般为8~10个月。

1. 打花蕾

修剪的方法是及时去掉花蕾（不使花蕾大于0.5~0.6 cm），尽可能多留叶片。打花蕾后上部分会萌发芽，也应及时抹除。

2. 营养枝的培养

切花月季根据植株枝条的功能和用途分为营养枝和开花枝。营养枝指在切花生产过程中通过压条而形成的倒倾斜于植株侧面，仅进行光合作用，为植株提供养分的枝条。

切花月季营养枝的修剪方法为折枝法。

苗期所有花头在豌豆大小时打去，保留叶片，当枝条长度有40~50 cm时将枝条压下。第一次折枝位置应选在嫁接口上面第一个拔节点以上，促使上部1~2个芽眼萌发，形成健壮的枝条，通常选在基部3~5 cm处。日常折枝时要选择相对弱且发芽位置较低或长度不到 50 cm 的短枝,其折枝位置应比首次位置稍低,离基部 2~3 cm 处即可。

折枝时压枝绳(铁丝或尼龙线)距苗 25~30 cm,在定植畦的两边用铁桩或木桩拉紧并固定,将所有做营养枝的枝条压于压枝绳下,营养枝上发出的枝条继续压枝。压枝时注意各株之间、枝条之间不能相互交叉,折枝数量以铺满畦面为宜,让叶片能得到充足的光照。

折枝的操作:用一只手握住枝条需要折的部位,另一只手用力向下扭折,将枝条压于压枝绳下,注意扭折时双手操作,避免折断枝条。尽量选择在晴天下午 14:00~17:00 进行,此时枝条不易折断。折枝后产生的粗壮的水枝(脚芽)做切花枝,也可以在水枝现蕾后留 4~6 枚叶短截做切花母枝;细的水枝继续压枝做营养枝(见图 3.4.4-1)。少数品种从基部发出的枝条数量少、产量低,因而需进行品种筛选,来适应这种栽培方法。

图 3.4.4-1 切花月季的折枝

3. 花枝的培养

对粗壮的水枝留 25~30 cm(4~5 个 5 小叶片)高摘心,培养成植株的一级枝,对一级枝上发出来的枝,粗壮的可做切花,细弱的可压做营养枝。一级枝上萌发出来的切花枝,采花时留 10~15 cm(1~2 个 5 小叶片)高剪切,培养为二级枝。对二级枝上发出来的枝条,强壮的可做切花枝,这是进入产花初期;细弱的压做营养枝,采花后留 5~10 cm(1~2 个叶片)高剪切,培养为三级枝。一般月季切花品种植株培养三级枝,可以达到高产优质株型,有些月季切花品种植株培养二级枝即可成型。当植株形成 3 个产花母枝后,即进入丰花期。

4. 成苗期修剪

随时检查,除去开花枝上的侧芽与侧蕾,及时摘除营养枝花蕾,原则上不允许留有开花的花头。嫁接苗需及时抹去砧木上发出的芽。

5. 产花期修剪

（1）枝条比例

在产花期折枝和切花枝按一定比例选留，营养枝和切花枝的选留及比例：切花母枝1~2枝，产花枝2~4枝，营养枝4~5枝。株型高度60~80 cm。母枝分两级，一级枝高20 cm左右，二级枝高15 cm左右。营养枝4~5枝尽量压平。其余压做营养枝。

（2）摘蕾

摘除枝条顶端产生的侧花蕾，只留一个主花蕾。（见图3.4.4-2）

图3.4.4-2 月季摘蕾（左：摘蕾前，右：摘蕾后）

（3）套网套

对于需要套网套的品种，需在花蕾长至1 cm高时及时套上网套，套网套时要摘除高于花头的小叶片。（见图3.4.4-3）。

（4）修剪

对切花枝上的侧芽要及时抹除，枝条上向内生长的芽点也可以掐掉，以免形成盲芽。在产花期要不断折压培养新的营养枝，剪除相互交叉和过密的枝。在每一个切花高峰后适当修剪整理，营养枝上发出的新枝条，冬季留部分产花，病虫、枯、老、弱枝要及时剪除。

图3.4.4-3 套网套

6. 采花后期修剪

采花后期需进行清桩处理。生长期每年进行中耕，中耕深度为10~15 cm，结合中耕，及时清除杂草和废花枝。

任务五 病虫害防治

以小组为单位，分工协作，完成切花月季病虫害识别和防治。见表3.4.5-1。

表 3.4.5-1　月季的病虫害防治

活动步骤	活动内容
材料、设备工具准备	根据任务要求，预习切花月季病虫害防治的资料；放大镜，农药，喷药器。
小组协作完成病虫害防治	1. 明确小组成员任务，识别切花月季的病虫害类型； 2. 根据病虫害类型，采取合理的防治措施； 3. 注意用药安全； 4. 保持温室整洁； 5. 工具用完及时归位。
成果展示	用图片或视频展示操作过程。
作业	每位同学提交管理过程记录及心得。

一、知识基础

(一) 生理性病害

1. 营养元素

在土壤栽培中，只要坚持正常施肥，一般不易缺少大、中量元素，有时出现元素缺失是由于月季生长快，消耗大量的肥水，种植者没有及时施肥造成的，可通过增加供肥次数和供肥量来解决。较易缺少的是铁、锰、硼、钙、镁等微量元素。缺少铁或锰时，除了增加铁肥或锰肥的用量外，更重要的是要调整土壤的 pH 值，使 pH 值在 5.5~6.5，从而提高铁或锰的活性；严重缺乏时可用 0.2%~0.5% 的螯合铁或螯合锰同时进行叶面喷施。缺少硼、钙、镁主要通过增加相关肥料的用量来解决，严重缺乏时可用硼酸、硝酸钙进行叶面喷施。通过施用大量腐熟的农家肥并结合土壤改良，可以减少缺素症状的发生。缺素症状发生后，需要对营养元素进行 2~3 周，甚至更长时间的调整，在调整期间需要进行土壤检测和叶色变化的观察，待植株恢复正常生长后，再恢复正常的肥水管理。

2. 盐害

当营养元素过量时，土壤的化学平衡会遭到破坏。如果发现土壤 EC 值高，造成盐害，必须使用大量的清洁水清洗土壤，同时需要进行土壤检测和观察植株的生长变化，待植株恢复正常生长后，才可进行正常的肥水管理。

(二) 弯头 (鸟头)

弯头指花蕾下的第一片小叶或萼片着生位置不对，使得花茎及花蕾不垂直，花蕾长大后形状似鸟头。减少弯头花枝的办法是注意观察，一般产生弯头花枝的枝条较粗壮，是很好的切花母枝和营养枝。若为基生枝，可留 4 叶片剪切做切花母枝或更换老的切花母枝；一、二级枝可留 3~4 叶片剪切做切花母枝，或者折枝后做营养枝。

对已出现的弯头花枝的处理方法：在花头豌豆大时直接剪去，以便迅速形成下一级枝条；在花头豌豆大时将使花蕾弯头的小叶摘去，花头在继续生长过程中会逐步抽直，或从花蕾下第一片 3 小叶处摘心，促发短枝开花，缩短切花时间。

（三）弯枝

弯枝是月季植株在生长过程中，枝条生长弯曲，从而引起切花品质下降。低温、低光照、水肥不均匀、侧芽不及时抹除和植株向光，都易造成弯枝。此外，抹除侧芽时操作不当对主枝造成伤口，在伤口愈合时也易使枝条发生弯曲，这类问题可通过严格地规范化操作来解决。

（四）双心花和平头花

双心花指月季花在生长发育过程中，一朵花形成两个或两个以上的花心；平头花指月季花的高芯花型品种在生长发育过程中，内花瓣和外花瓣生长得一样高，花开放后形成平头，失去了品种原有的高芯花型特征。

在生产上选择耐低温、弱光的品种栽培，冬季主要通过提高棚内温度和增加光照时间及光照强度，来减少双心花和平头花的出现。夏季高温季节，白天要注意棚内通风降温，避免月季长期在高温环境中生长。双心和平头花枝大部分折枝后做营养枝，少部分粗壮的一、二级枝做切花母枝用。

（五）盲枝（盲芽）

月季切花盲枝（盲芽）指月季植株的芽受温度、光照、营养等影响，不能发育成花芽开花。对盲枝的处理方法，一般盲芽发生在生长势较弱的植株上或植株下部的枝上，根据盲芽枝着生位置，可将着生位置好的枝折枝后做营养枝用，着生位置不好的枝可直接剪去。

（六）落叶

落叶指月季切花叶片不正常的脱落。引起落叶的因素较多，主要有病虫危害、低温、光照不足、营养失调及生理病害、农药使用不当等。在滇中地区，霜霉病危害是引起落叶的主要原因，其次是低温和光照不足。

大部分月季落叶切花枝不能做出口切花销售，对病虫引起的落叶枝要及时剪除销毁。由于低温及光照不足、农药使用不当等引起的落叶枝，枝上的叶片对恢复植株生长势十分重要，所以应注意保护并作为营养枝使用；对营养失调及生理病害引起的落叶枝，可以剪除严重落叶枝，保留轻度落叶枝作为营养枝使用。加强病虫害防治和正确使用农药，可以减少因病虫及农药引起的落叶；秋冬季增加保温和加温措施，可以减少因病害和低温及光照不足引起的落叶。合理的施肥浇水并保持元素平衡，可以预防生理病害的发生。

二、知识链接

（一）月季主要病虫害防治方法

对月季主要病虫害的防治，优先采用农业措施，选用抗病抗虫品种，非化学药剂处理种子，加强栽培管理，使用物理、生物、化学等措施防治病虫害。防控重点主要有白粉病、霜霉病、蚜虫、红蜘蛛等。

1. 主要病害

（1）月季白粉病

防治方法：选用抗病品种；温室加强通风，温度不宜过高，降低温室的湿度；平衡施肥，避免氮肥过多，适当增施磷钾肥；早春剪除病枝、病叶，每次剪花高峰期过后，结合修剪清除病枝、病叶，并进行一次彻底的打药剂防治，减少病害侵染源。主要防治方法是用纯度99%的硫黄熏蒸，利用硫黄蒸发器每周进行3~5次，在夜晚大棚内每次熏蒸5~8 h，根据发病情况决定硫黄熏蒸的次数和时间。发病初期选用20%三唑酮乳油2 000倍液、12.5%腈菌唑乳油800倍液或75%肟菌·戊唑醇可湿性粉剂3 000倍液喷雾防治；也可以用1 000~1 200倍的保丽安（多氧霉素PS乳剂）、0.02%~0.03%的硝酸钾水溶液喷雾防治月季白粉病。在叶片的表面和背面同时喷洒，能较大程度地提高防治效果，喷后叶面保湿2~4 h能产生更好的效果。

（2）月季霜霉病

防治方法：湿度过大是诱发霜霉病的主要因素，调节控制温室内的湿度是防治该病的主要措施。水肥供应使用滴灌设施，选择晴天中午前浇水、施肥，避免低温、高湿，减少叶面保湿时间，控制空气湿度，多开天窗换气；夜间加强通风，避免棚内出现雾气，叶片结水露、滴水。冬春季夜间温度低，在温棚（室）内结合热风加温，可以减少夜间低温棚（室）内植株及叶面上的凝结水，同时注意天窗关闭时留有换气空隙，以便通风排湿。霜霉病防治见嫁接黄瓜（霜霉病、猝倒病）。

（3）月季灰霉病

防治方法：月季灰霉病与霜霉病的防治方法基本相同，调节控制温室内的湿度是防治该病的主要措施。降低低温棚（室）内空气湿度，减少叶面保湿时间，温棚（室）中注意通风，湿度不宜过高，在切花时期温棚（室）内的空气湿度控制在70%以下；在高温多雨季节，晴天要及早打开侧窗和天窗，雨停后也要及早打开侧窗，以便温棚（室）内通风排湿，降低温棚（室）内及植株间的空气湿度；冬春季夜间温度低，在温棚（室）内结合热风加温，可以减少夜间低温棚（室）内植株及叶面上的凝结水，无加温条件的大棚在晴天的早晨，天亮后要及时打开侧窗和天窗通风排湿，以防止早晨大棚上的凝结水直接滴到植株和花头上。下雨时要防止大棚薄膜、水槽漏水，水滴直接滴到植株和花上诱发病害。在大棚内要及时清除病残体，减少侵染来源，有病植株应从病症部位以下剪去。化学药剂防治可以采用百菌清熏蒸及灰霉利、扑海因等喷雾。

(4) 月季根癌病

防治方法：购月季种苗时注意检查根系，发现有病植株立即销毁；不要在有病地段栽培月季或进行彻底的土壤消毒，栽培地应排水良好；栽植前将根系浸入链霉素500万单位溶液中2 h；生物防治可用 A. radiobacter 品系 K84 喷洒病株，对植株无害；嫁接时工具进行彻底消毒，用开水加5%福尔马林或者10%次氯酸钠溶液消毒8~10 min；田间病株可先用利刀清除病块，深达木质部分，然后用农用链霉素500万单位溶液灌根，可抑制此病。

2. 主要虫害

(1) 蚜虫

防治方法：每次剪花高峰过后结合修剪，剪去有蚜虫的枝叶集中销毁；采用化学药剂，利用硫黄蒸发器每天夜晚（15~20 ml/100 m^2）熏蒸1 h，关闭大棚到天亮，连续2~3 d即可有效控制蚜虫危害，熏蒸时注意密闭大棚四周；使用有效成分为吡虫啉、啶虫脒、噻虫嗪、马拉松、杀螟松1 000倍、奥特蓝500倍等溶液喷洒；此外，叶面喷施乙酰甲胺磷、20%蚜螨灵、40%氧化乐果、50%杀螟松等进行防治。

(2) 螨类

防治方法：保持大棚内湿度合适；定期检查大棚内的螨虫发生及危害情况，发现危害及时采取措施防治，把螨虫控制在发生初期（出现个别植株点状分布时）；结合整枝，发现有螨虫的枝叶及时清除，集中处理。大棚内对零星发生红蜘蛛的植株一定要及时喷施农药防治。药剂防治：幼螨、若螨、成螨可用农药，如1.8%爱福丁1 200~1 500倍液、1.8%阿维菌素1 500~2 000倍液，以及虫螨光等防治。为提高防治效果，可用食用醋调节药液的pH值在6~6.5。

(3) 蓟马

防治方法：由于有花蕾的保护作用及若虫有两个阶段进入土壤，所以蓟马的防治较为困难。要及时剪除有虫植株和花朵，及时清理温棚（室）内的废花，并集中销毁，从而减少温棚（室）内的虫源。在温室中，熏蒸农药是最好的防治方法。蓟马熏蒸可以在早上或傍晚温室内温度稍高时进行，以达到良好的药效。切花运输前用溴甲烷再次熏蒸，可以基本达到出口检疫要求。可用吡虫啉类农药，如5%吡虫啉1 500~2 000倍液、5%蓟虱灵1 500~2 000倍液、250EC杰将1 500~2 000倍液进行喷雾防治。

(4) 鳞翅目幼虫

防治方法：在温棚（室）内用黑光等诱杀成虫，做好温棚（室）的密闭工作，侧窗、天窗用防虫网防范成虫进入；剪除叶片上的卵块和幼虫。农药防治：在幼虫3龄前,药剂可用50%锌硫磷乳油1 000～1 500倍液、10%虫除尽2 000～2 500倍液进行喷雾防治。

(5) 金龟子

防治方法:用黑光等诱杀成虫,在盛发期夜晚检查植物,震落捕捉;温室或大棚可用防虫网防范金龟子,露地生产可以靠手工捕捉;月季周围种植蓖麻,会使金龟子麻痹,清晨捕捉;中耕冬翻消灭幼虫。药剂可用50%锌硫磷乳油1 000～1 500倍液、50%磷胺乳油1 500～2 000倍液、50%杀螟松1 000倍液,直接浇灌根际或者通过滴灌施用。

任务六 采收

以小组为单位,分工协作,完成切花月季的采收。如何采收才能减少对花卉的损害? 见表3.4.6-1。

表3.4.6-1 月季采收

活动步骤	活动内容
材料、设备工具准备	根据任务要求,预习切花月季采收的资料;水桶,枝剪,保鲜剂,打刺脱叶机,防护手套。
小组协作完成月季的采收和分级包装	1. 明确小组成员任务,在适当的时间进行采收; 2. 在花枝着生基部留2～3个叶腋芽处剪切; 3. 保鲜:剪切后在5 min之内插入含有保鲜剂的容器中,尽快保鲜运输,并在温度5±1 ℃、空气湿度为85%～90%的冷库预冷,同时切花吸收含STS或硫酸铝的预处液,时间最少为4～6 h; 4. 整理:去除下部10～20 cm的叶片、皮刺、枝上的腋芽、病叶; 5. 分级包装:按标准分级,10枝或20枝整齐地捆成一束; 6. 运输; 7. 保持温室整洁; 8. 工具用完及时归位。
成果展示	用图片或视频展示操作过程。
作业	每位同学提交管理过程记录及心得。

一、知识基础

(一) 采收

1. 采收标准

单头月季切花的开花指数由大到小分为1°～5°,其中2°～4°为适宜开花指数。

表3.4.6-2　单头月季切花开花指数划分与描述

开花指数/度	描述
1	萼片保持直立，花瓣紧包，未从萼片中伸出，为不宜采收时期
2	萼片展开30°~45°，外层花瓣开始松散，适宜夏秋季远距离运输销售
3	萼片平展开45°~90°，外层花瓣松散展开，适宜冬春季远距离运输销售
4	萼片稍下垂，外层花瓣向外翻卷，多层花瓣展开，适宜冬季近距离运输销售
5	花瓣全面松散，多层花瓣翻卷，花朵露心，不宜采收

单头月季切花1°~5°的开花指数见图3.4.6-1。

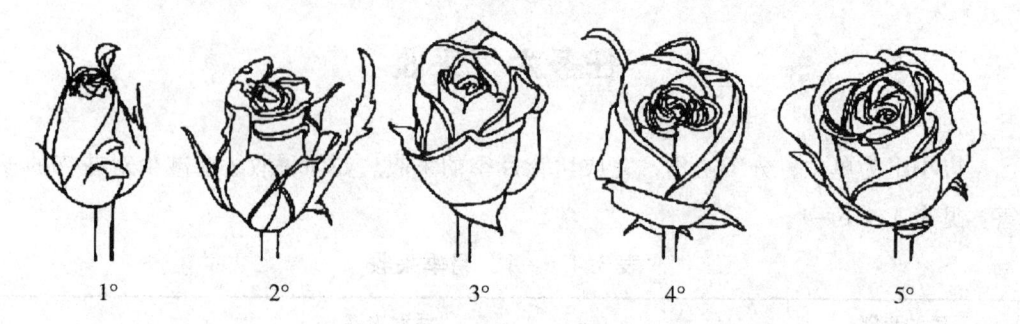

图3.4.6-1　切花月季开花指数［引自《月季切花等级（GBT 41201—2021）》］

根据品种特性和采收季节，采收标准可以适当调整。如花瓣数少的品种适当早采，夏季气温高时适当早采，冬季气温低时采收成熟度要大一些。过早或过晚采收都会影响切花的瓶插品质。

多头月季品系在用于贮藏或远距离运输时，采收期相对较早，一般在三分之一的花朵花萼松散、花瓣紧抱、开始显色时采收；用于近距离运输或就近销售时，采收期相对较晚，一般在三分之二的花萼松散、三分之一的花朵花瓣松散时采收。

2. 采收时间和方法

采收同一品种、同一批次切花要求开放度基本相同。月季切花采收时间和采收次数因季节而异，春、夏、秋季一般每天采收2次，分别在上午6：30~8：00和下午18：00~19：30进行，冬天一般每天早上采收1次。

图3.4.6-2　切花月季采后修剪

采收时要使用正确的采收方法,根据植株整体株型,在花枝着生基部留 2~3 个叶腋芽处剪切。剪切后需在 5 min 之内将其插入含有保鲜剂的容器中,尽快保鲜运输并在冷库冷藏。(图 3.4.6－2)

(二) 整理分级

1. 整理

同一批次的月季切花在采收完成后运入分级车间进行整理和分级。整理的工作包括去除下部 10~20 cm 的叶片、皮刺、枝上的腋芽及病叶等;然后根据采收切花的长度、花朵的大小、花茎的粗细、花茎弯曲与否、茎叶平衡状况,以及病虫害等对月季切花进行分级。

2. 分级

(1) 质量分级

单头月季切花质量基本要求包括:整体感好,新鲜;具有该品种特性;无侧枝、侧蕾;花枝长度 50 cm 以上;茎秆挺直;无明显病虫害症状;开花指数 2°~4°;经采后保鲜处理。单头切花月季质量分为一级、二级、三级共 3 个等级,见表3.4.6－3。

表 3.4.6－3　单头月季切花质量分级

项目	一级	二级	三级
花型	花朵完整、饱满,无瑕疵,无损伤	花朵完整、饱满,外层花瓣有瑕疵,无损伤	花朵完整、饱满,外层花瓣有轻微损伤
花色	花色纯正,无变色、无褪色	花色纯正,无变色、无褪色	花色略有变色或褪色
枝	枝条挺直、匀称	枝条挺直、较匀称	枝条略有弯曲
叶	叶片大小、分布均匀,叶面平整、整洁,叶色正常	叶片分布较均匀,叶色正常,叶面有瑕疵	叶片分布不均匀,叶片有轻微褪色,或叶面有少量残留物
病虫害	无病虫害危害痕迹	花部无病虫害危害痕迹,叶部可有轻微的病虫斑点	花和叶有轻微的病虫斑点
整齐度	一扎花内的枝条长度差距≤2 cm	一扎花内的枝条长度差距≤4 cm	一扎花内的枝条长度差距≤5 cm

(2) 规格划分

单头月季切花的花枝长度每 10 cm 为一个规格,以最短枝的长度确定该扎花的花枝长度规格,分为 6 个规格,具体表示方法见表 3.4.6－4。

表 3.4.6-4　以花枝长度划分规格的表示方法

表示代码	花枝长度/cm
050	50~59
060	60~69
070	70~79
080	80~89
090	90~99
100	≥100

3. 包装

分级后的单头切花月季10枝或20枝捆成一束，包装成束的花，花头全部平齐或分为两层。分为两层包装时，上下两层花蕾不能相互挤压，花束茎基部应平齐，花枝长度相差不超过5 cm（见图3.4.6-3）。多头月季5枝捆成一扎或与市场现行一致。包装成束的花，每枝花中最长的花头应平齐。花束茎基部平齐，每束花花枝长度相差不超过5 cm。

包装时瓦楞纸要求平整，包装力度适中，花头不能松动，瓦楞纸边缘长于花头1.5~2 cm，并用3道胶带纸粘牢、收紧，瓦楞纸有瓦楞的一面朝内。包装无网花时，内层花头处理处要垫一层吸水绵纸。成束的花都用带有散热孔的锥形透明塑料袋包装。

包装后，根据产品等级要求确定枝条的长度进行切根，切根后要求切口平整。每扎花用两根皮筋平行捆绑，捆绑处距根部2~3 cm，捆绑时要理顺根部，捆紧，不能松动。最后贴标识，标识要注明品牌名称、品牌标识、商标、品种名称、等级等。

最后将切花下部放在保鲜剂中，准备移到冷库预冷。

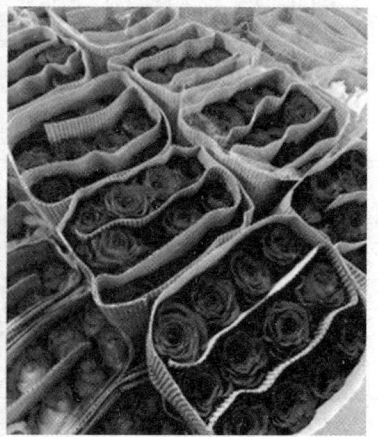

图 3.4.6-3　月季切花分级包装

（三）采后保鲜

经分级包装的月季切花应在初包装完成后第一时间运入冷库中预冷。冷库温度5±

1 ℃，空气湿度为85%～90%。在预冷的同时，切花应吸收含STS或硫酸铝的预处液，时间最少为4～6 h，并使保鲜液pH值降至3.5左右，使微生物难以生存。通常，在贮藏或远距离运输之前，在冷库预冷的同时进行吸收预处液处理，或者在贮藏或运输结束后用瓶插液处理，都是月季切花采后保鲜的有效措施。

如果采收月季切花需要贮藏两周以上，最好干藏在保湿容器中，温度保持在-0.5～0 ℃，相对湿度要求90%～95%。用0.04～0.06 mm的聚乙烯膜包装，使氧气浓度降低到3%，二氧化碳浓度升高到5%～10%，可以得到很好的延缓衰老的效果。切花贮藏后取出，需将茎基再度剪切并放入保鲜液中，在4 ℃环境下让花材吸水4～6 h。

（四）运输

月季切花运输有两种方式，即用包装纸包装后横置于纸箱中的干式运输（即干运）和纵置于水中运输的湿运。远距离运输多采用干运；近距离运输可以采用湿运的方式。整个运输过程中，创造低温环境很重要，在高温时期要求温度控制在10 ℃左右，其他时期要求在5 ℃左右。在夏季或切花运输温度高的城市，在包装箱内放置冰袋等蓄冷剂，进行降温保鲜运输。

二、知识链接

研究表明，温室无土栽培月季比普通栽培具有明显的优势。无土栽培的基质可以在高温下消毒，消除土传病虫害，用药量减少50%，而且基质排水透气好，调配营养液能及时精确地保证养分供应，植株根系发达，生长势强，切花质量明显提高。适合月季生长的栽培基质为40%草炭+30%蛭石+30%珍珠岩。栽培容器可选择槽式栽培或袋式栽培。营养液的配送主要采用水肥一体化系统，通过滴灌实现。

任务七　评价

生产实施活动全过程复盘，沉淀经验、发现新知。学生自评、互评、教师评价，总结。见表3.4.7-1。

表3.4.7-1　实施切花月季生产任务评价活动

活动步骤	活动内容
材料、设备工具准备	评价标准，纸，笔；相机，每组一台能上网的电脑。
查看标准并评价	1. 阅读评价标准； 2. 给自己的切花月季生产实施各个过程评分，给其他人的切花月季生产实施各个过程评分，写下评分依据； 3. 汇总分数，求平均值，整理评分依据。

(续表)

活动步骤	活动内容
成果展示	分享评价、感悟。
作业	1. 每组提交评价结果； 2. 每位同学提交评价过程及心得。

制定科学的评价标准，见表3.4.7-2。

表3.4.7-2　鲜切花生产任务评价标准

评价内容	评价标准	评价依据（信息、佐证）	评价方式 自评 0.2	评价方式 他评 0.3	评价方式 教师评价 0.5	权重	得分小计	总分
职业素养	1. 遵守各项法律法规及活动管理规定； 2. 工作认真主动、善于思考、积极发言、操作规范严谨； 3. 团结协作、互帮互助。	1. 活动参与情况； 2. 考勤表； 3. 资料可行性。				0.3		
专业能力	1. 能熟悉切花月季的品种，能根据实际情况选择合适的月季品种； 2. 能看懂切花月季的生产实施流程，清楚注意事项； 3. 能组织分工协作，配合默契； 4. 能进行切花月季定植前的准备工作； 5. 能进行切花月季定植； 6. 能进行切花月季的日常管理； 7. 能进行切花月季的修剪整形； 8. 能进行切花月季的病虫害防治； 9. 能采用恰当的时间和方法进行切花的采收； 10. 能对采收后的切花进行分级包装； 11. 能组织复盘研究，进行活动评价。	1. 生产准备物品精准程度； 2. 产品质量与产量； 3. 实施过程记录。				0.7		

项目五 中草药生产

任务目标：

1. 了解丹参的定植方法，会移栽丹参；
2. 掌握丹参的生产管理过程；
3. 通过丹参的生产管理过程，能掌握适合当地发展的中草药项目生产的运营情况；
4. 要脚踏实地，认真落实生产，精准计算所需物资。

任务书：

以丹参生产为例：某一位投资者在某一村庄流转了一些土地，想要种植 1 hm² 的丹参，以露地生产为主。通过市场调研论证、落实设计规划、完成基础水利设施建设，进入丹参露地生产过程。该公司怎样才能种植出优质的丹参中草药？（该任务建议 24 学时）

工作流程与活动：

准备生产、定植、中耕除草、肥水管理、植株管理、病虫害防治、采收包装、评价。

任务一 准备生产

以小组为单位，分工协作，根据生产计划，育 1 000 m² 的丹参苗，用于定植 1 hm² 地块，需要准备肥料、幼苗、农药、农膜、苗床等生产资料，耕地，植保机械等机械设备。如何准备才能顺利实施生产？见表 3.5.1-1。

表 3.5.1-1 准备生产活动

活动步骤	活动内容
材料、设备工具准备	接受任务，准备纸、笔，预习查找的资料、教材等；相机，每组一张沙盘桌，教室。
小组分工准备生产资料和机械设备	1. 小组讨论，明确小组成员任务分工； 2. 根据分工，准确列出含有品名和规格数量的详细物品清单； 3. 按清单购买足量优质物品； 4. 检修测试机械设备； 5. 耕地计划。

(续表)

活动步骤	活动内容
成果展示	1. 分享购买清单、感悟； 2. 完善购买清单。
作业	1. 每组提交购买清单及购置的物品图片； 2. 每位同学提交准备过程及心得。

一、知识基础

我们这里说的丹参指唇形科植物丹参的干燥根（见图3.5.1-1）和根茎，最初载于《神农本草经》，具有活血祛瘀、止痛、清心祛烦的功效。由于丹参在急性脑梗死、冠心病、心绞痛等多种心脑血管疾病治疗中疗效显著，所以人们对于以丹参为原料的中成药需求逐年增加，对丹参产品从种植到加工的要求也越来越高。目前，我国每年丹参需求量超过40 000 kg，但现今的栽培技术和规模还远远不能满足市场需求。丹参在我国四川、山东、河南、安徽均有广泛种植。

图3.5.1-1 丹参根

二、知识链接

下面介绍丹参种子育苗。

1. 育苗田的选择

育苗田要离水源较近，地势平坦，排水良好；地下水位不超过1.5 m；耕作土层一般不少于30 cm；为土壤比较肥沃的微酸性或微碱性的沙壤土；要求前一年栽种作物为禾本科植物如小麦、玉米或休闲地，前茬种植花生、蔬菜和丹参的地块不能作为育苗田，地点最好选在基地范围内。

2. 苗床的准备

施充分腐熟的厩肥 1.5×10^4 kg/hm^2、磷酸二铵 150 kg/hm^2，翻耕深 20 cm 以上；耙细，整平，清除石块、杂草；做畦，畦宽 1.5 m，畦间开宽 30 cm、深 20 cm 的排水沟。

3. 播种

播种时间一般在6月底或7月初。每 hm^2 用种子 37.5~52.5 kg，与 2~3 倍细土混匀以后，均匀撒播在苗床上，用扫帚或铁锨拍打，使种子和土壤充分接触后，用麦秸或麦糠盖严至不露土为宜，再浇透墒水，以保持足够的湿度。

4. 苗床管理

一般播种后第四天开始出苗，15 d 时苗基本出齐。出苗后应及时拔除杂草，幼苗 3~5 片真叶时进行间苗，保持株距为 5 cm 左右。间苗后，还要及时浇水，并施追肥一次。播种后两个半月即可移栽，标准苗为主根长 7~10 cm，粗 7 mm，叶片长 13 cm 左右。一般 1 hm^2 苗田可供 10~12 hm^2 大田移栽。

三、知识拓展

下面介绍丹参的分根、扦插繁殖方法。

丹参除了通过种子繁殖外，还可以通过分根和扦插进行繁殖。

1. 分根

做种栽培的丹参提前留在地里，等到栽种的季节便可以随挖随栽。要选择茎部直径 0.3 cm 左右，粗壮色红，无病虫害的一年生侧根。在我国北方，一般是 4 月份栽种，也可以在 10 月份收获时选种栽植。按行距 30~45 cm 和株距 25~30 cm 穴栽，穴深 3~4 cm，每亩施猪粪尿 1 500~2 000 kg。栽时将选好的根条折成 4~6 cm 长的根段，边折边栽。根条直立，每穴栽 1~2 段。栽后随即覆土，一般覆土厚度为 1.5 cm 左右。生产实践证明，用根的头尾做种栽培出苗早，用中段做种栽培出苗迟，因此要分别栽种，以便于田间管理。而木质化的老根做种栽培，萌发力差，产量低，不宜采用。分根繁殖要注意防冻，可盖稻草保暖。

2. 扦插

扦插繁殖于 6~7 月份进行。取丹参地上茎，剪成长 10~15 cm 的小段，剪除下部叶片，随剪随插；在已做好的畦上，按行距 20 cm、株距 10 cm 开浅沟，然后将插条顺沟斜插，插条埋入土中 6 cm；扦插后要浇水并遮阴。待再生根长至 3 cm 左右时，即可移植于大田。也可以将代根的枝条直接栽种，注意浇水，也能成活。

任务二　定植

以小组为单位，分工协作，根据生产计划，定植 1 hm^2 的丹参，整地、做畦、定植，挑选丹参苗。如何准备才能顺利完成定植？见表 3.5.2-1。

表 3.5.2-1　丹参定植

活动步骤	活动内容
材料、设备工具准备	根据任务，准备整地、肥料，准备标签纸、记号笔，预习查找的资料、教材等；相机，定植工具。
小组分工实施移栽处理	1. 明确小组成员任务分工； 2. 整地起垄，施入腐熟厩肥和磷酸钙作为基肥； 3. 深翻土壤 30 cm，翻耙、平整； 4. 起垄：垄宽 0.8 m，高 25 cm，垄间留沟 25 cm 宽； 5. 起苗：荫蔽无风处选苗，100 株种苗扎成一把； 6. 种苗处理：种根保留 10 cm 长，用药剂处理，栽前用 50% 多菌灵或 70% 甲基托布津 800 倍液蘸根处理 10 min，晾干后移栽； 7. 定植时期：以长 5 cm，地温 0~10 ℃ 保持 1 周以上时定植； 8. 定植：按株行距 20~25 cm × 30~35 cm 进行定植，种苗垂直立于穴中，培土、压实至微露心芽； 9. 浇少量定植水。
成果展示	1. 分享定植情况； 2. 展示成活率。
作业	每位同学提交操作过程及心得。

知识链接

整地起垄。整地时，每 hm² 施入腐熟厩肥（2.25~3）×10⁴ kg，加入 750 kg 左右的磷酸钙作为基肥，将土壤深翻 30 cm 以上。种植前，翻耙、平整做垄。大田四周开好宽 40 cm、深 40 cm 的排水沟，以利排水出田间。

起苗。一般在移栽前进行，随起随栽为好。起苗后要立即在荫蔽无风处选苗，对烂根、色泽异常和有虫咬或病菌的苗，以及弱苗要除去。捆扎不能过紧。

种苗处理。对前茬种植蔬菜、土豆、花生或丹参的地块，移栽时要对种苗进行药剂处理。方法是：优选无病虫的丹参苗，并用药剂处理，以有效地控制根腐等病菌的浸染。

定植。山东济宁秋季种苗移栽在 10 月下旬至 11 月上旬（寒露至霜降之间）进行，春季移栽在 3 月。在垄面开穴，穴深为芽头与地平面齐平或稍微低 1 cm，苗根过长的，要剪掉下部；每 hm² 约栽丹参种苗 12 万棵，栽后视土壤墒情浇适量定根水，忌漫灌。一般情况下不需要浇水。

任务三　田间管理

以小组为单位，分工协作，定植 1 hm² 的丹参，进行环境、植株管理。见表 3.5.3-1。

表 3.5.3-1　定植后管理

活动步骤	活动内容
材料、设备工具准备	根据任务要求，预习准备丹参定植后的管理资料；每组 3 套除草工具、1 个铁锨、1 套施肥工具。
小组协作完成播种	1. 明确小组成员任务； 2. 松土、中耕除草； 3. 追肥 3 次（尿素和复合肥），结合喷施叶面肥； 4. 灌溉，结合实情渗灌或喷灌； 5. 填写观察记录表； 6. 根据降雨及时防涝； 7. 摘蕾控苗； 8. 按时预防病虫害； 9. 工具归位。
成果展示	图片或视频展示管理植株的情况、成活率。
作业	每位同学提交定植后管理过程记录及心得。

知识链接

中耕除草。5 月份幼苗高 10 cm 左右时进行松土除草；6 月上旬开花前后进行一次松土除草。丹参前期生长较慢，应及时除草，以免杂草丛生，影响丹参生长。植株封垄后及时拔除杂草，忌用除草剂。

施肥。开春后，除丹参栽种时多施基肥外，在生长过程中还需追肥。

山东济宁地区秋栽苗，在 3 月中旬丹参返青时结合灌水施提苗肥，每 hm² 施尿素 75～150 kg 和复合肥 225 kg。不留种的地块，5 月上旬可在剪过第一次花序后再施肥；留种的地块可在开花初期施肥，每 hm² 施复合肥 300 kg，同时喷施 EM 叶面肥。8 月中旬至 9 月上旬，正值丹参根部迅速伸长膨大期，每 hm² 施复合肥 600 kg 或磷酸二氢钾 600 kg。

图 3.5.3-1　摘蕾

灌溉。5～7 月是丹参生长茂盛期，需水量较大，根据土壤墒情，及时对其沟灌或喷灌，禁用大水漫灌。丹参怕涝，多雨季节要保持排水沟畅通，及时排水。

摘蕾控苗。不采收种子的丹参，在花苔抽出长2 cm时，要随时将蕾芽剪掉，以促进根的发育。（见图3.5.3-1）

实验证明，在施肥、整地、播种、追肥、浇水等措施完全相同的情况下，剪花蕾比不剪花蕾的鲜根增产12.98%~18.75%，干根增产20%~22.22%。摘除花蕾茎用手采，以免损伤茎叶。

表3.5.3-2 丹参定植后管理观察记录表

班级_____ 组名_____ 姓名_____

序号	时间	除草管理	中耕管理	追肥管理	浇水管理	摘蕾施肥	病虫害防治	苗情状态描述
1								
2								
3								
……								
n								

任务四 病虫害防治

小组分工协作，根据生产计划，丹参生产过程中需要进行全过程、全方位的病虫害防治。见表3.5.4-1。

表3.5.4-1 病虫害防治

活动步骤	活动内容
材料、设备工具准备	根据任务要求，准备农药、植保工具，准备标签纸、记号笔，预习查找丹参病虫害防治的资料、教材等；相机，每组一套操作所需材料与工具。
小组分工实施病虫害防治	1. 明确小组成员任务分工； 2. 播种前进行种子处理； 3. 定植前进行秧苗处理； 4. 观察苗情，判断健康状况； 5. 填写观察记录表； 6. 按时预防病虫害； 7. 工具用完及时归位。
成果展示	用图片或视频展示操作过程。
作业	每位同学提交操作过程记录及心得。

知识基础

丹参的主要病害有根腐病、叶斑病和根结线虫病,主要虫害有蛴螬、金针虫和银纹夜蛾。关于丹参病虫害的识别、诊断与防治,见表3.5.4-2。

表3.5.4-2　丹参常见病虫害识别与防治

名称	识别与诊断	防治方法
根腐病	发生初期,个别支根和须根变褐腐烂,逐渐向主根扩展,最后导致全根腐烂,外皮变为黑色。随着根部腐烂程度的加剧,地上茎叶自下而上枯萎,最终全株枯死。	实行轮作;加强栽培管理,采用高畦深沟栽培,防止积水,栽种前严格剔除病苗;种苗用50%多菌灵1 000倍液或70%甲基托布津800倍液蘸根处理5~10 min,晾干后栽种;发病时用95%敌磺钠可溶性粉剂500倍液喷施在丹参苗茎基部及周围土壤,或用70%甲基托布津500倍稀释液均匀地喷洒在茎基位置,每隔10 d喷洒1次,连续喷洒2~3次即可。
叶斑病	发病初期,叶片出现深褐色病斑,近圆形或不规则形,后逐渐融合成大斑,严重时叶片枯死。	实行轮作,同一地块种植丹参不超过2个周期;收获后将植株及时清理出田间,集中烧毁;增施磷钾肥,或于叶面上喷施0.3%磷酸二氢钾,以提高丹参的抗病力;发病初期用50%多菌灵800倍液喷洒叶面,隔7~10 d喷洒1次,连续喷2~3次。发病时应立即摘去发病的叶子,并集中烧毁以减少传染源。
根结线虫病	根结线虫寄生,会使丹参根部生长出许多瘤状物,致使植株生长矮小,发育缓慢,叶片退绿,逐渐变黄,最后全株枯死。拔起病株,须根上有许多虫瘿状的瘤,瘤的外面粘着土粒,难以抖落。	实行轮作,同一地块种植丹参不超过2个周期,最好与禾本科作物如玉米、小麦等轮作;结合整地进行土壤处理,方法同大田土壤处理。
蛴螬	以幼虫为害,在地上咬断苗或地下咬食植株的根,造成缺苗或根部空洞,为害严重。	施用充分腐熟的厩肥,最好用高温堆肥;深耕多耙,合理轮作倒茬;晚上用黑光灯诱杀成虫;整地时使用0.2%噻虫胺颗粒剂进行土壤处理,用4.5%高效氯氟氰聚酯乳油进行灌根处理。
金针虫	咬食丹参植株的根部成凹凸不平的空洞或咬断,使植株逐渐枯萎,严重者枯死。在夏季干旱少雨、生荒地及施用未充分腐熟的厩肥时,危害严重。	同蛴螬的防治。
银纹夜蛾	幼虫咬食叶片,造成缺刻、孔洞,危害严重时,仅剩下主脉。	收获后及时清理田间残枝病叶并集中烧毁;栽培地悬挂黑光灯或糖醋液诱杀成虫;7~8月在第二、第三代幼虫低龄期,喷布病原微生物,可用苏云金杆菌,每次每hm²用3 750 g或3 750 mL,兑水750~1 125 kg,进行叶面喷雾,也可用25%灭幼脲3号150 g/hm²加水稀释成2 000~2 500倍液常规喷雾,或者用1.8%阿维菌素乳油3 000倍液均匀喷雾。

表 3.5.4-3　病虫害防治过程记录表

班级_____　　组名_____　　姓名_____

序号	时间	病虫害名称	危害部位	危害程度	症状	防治方法、效果
1						
2						
3						
……						
n						

任务五　采收

小组分工协作完成丹参采收。定植第二年 10 月底~11 月上旬，选取晴天，对丹参进行采收、炮制。见表 3.5.5-1。

表 3.5.5-1　人工丹参采收活动

活动步骤	活动内容
材料、设备工具准备	根据任务要求，预习准备丹参采收需要的工具和资料，可以机械采挖；丹参田，每组一套采收工具（扎锨、剪刀、筐），晾晒场地，篓子。
小组协作完成丹参采收	1. 明确小组成员任务； 2. 在丹参田内，用铁锨或 40 cm 以上长的扎锨顺垄沟逐行深刨，原地晒至丹参根上泥土稍干燥，剪去杆茎、芦头等地上部分，除去沙土（忌用水洗）； 3. 理顺轻轻装筐； 4. 运到水泥晾晒场摊开； 5. 暴晒：每天翻 1~2 次，将根暴晒至晒干为止； 6. 火烘：根条将干时，再用火烘，以除去根条上的须根； 7. 装篓：烘干后趁热整齐地放入篓子内，轻轻摇动，得到光滑成支的丹参成品； 8. 工具用完及时清理、归位。
成果展示	视频展示采收过程，图片展示收获的丹参成色、质量及重量。
作业	每位同学提交嫁接过程记录及心得。

一、知识基础

种子繁殖模式下的丹参通常每隔 2~3 年收获，采用根段育苗移栽的丹参通常 1 年便能采收。

采收方法：用铁锨或 40 cm 以上长的扎锨顺垄沟逐行深刨，将挖出的丹参置于原地，晒至根上泥土稍干燥，剪去杆茎、芽头等地上部分，除去沙土（忌用水洗），装筐后及时运到晾晒场，将根摊开暴晒 5~7 d 即可晒干。注意清理后的药材与地面和土壤不再接触。装运过程中不挤压、踩踏，以免药材受损伤；运送过程中不得遇水或淋雨。

根条晒至七八成干时用火烘，趁热整齐地放入篓子内，轻轻摇动，即可除去须根及附着的泥灰，得到光滑成支的丹参成品。每 667 m² 收干丹参 500~600 kg，通常每 3 kg 左右的鲜根能够加工出 1 kg 干货。

为了提高工作效率，降低生产成本，可以考虑应用机械采挖。采挖时尽量深挖，勿用手拔。

二、知识链接

对于丹参的采收加工，《本草品汇精要》云："五月、九月、十月取。暴干。"《中华人民共和国药典》规定丹参春、秋二季采挖均可。有相关研究者对各个月份采收的丹参样品测定的结果表明：在不同的生长期，丹参所含丹参酮ⅡA 各不相同，其中尤以 9、10 月最高，4、5 月次之。还有部分研究者以电子天平称定丹参干重，用 HPLC 法测定丹参酮ⅡA、丹酚酸 B、丹参素和隐丹参酮四种成分的含量，结果证明 10 月采收药材干重最大，丹参酮ⅡA、丹参素和隐丹参酮含量在 9 月采收最高，丹酚酸 B 含量在 4 月最高，最终得出丹参的最佳采收期以 10 月为最佳的结论，因此建议 10 月采收丹参，这也符合《中华人民共和国药典》的规定。

（一）炮制

丹参的炮制分生用、炒用等多种炮制方法。

生用：用清水洗净泥沙，捞起后沥干水，去掉非药用部分，再切成约 3 mm 厚的片烘干或晒干，再筛去灰屑即成。

炒用：取丹参片放入锅中，用文火炒至稍有焦黄色为止。

其他炮制方法见表 3.5.5-2。

表 3.5.5-2 其他炮制方法

炮制方法	技术要点	备注
酒制	取丹参片，用黄酒拌匀，闷透，置锅内用文火炒干，取出，放凉。每丹参片 100 kg，用黄酒 10 kg。	《中华人民共和国药典》（1995 年版）
酒麸制	取丹参片，加酒拌匀，润一夜，摊开晾干，再按麸炒法炮制；或取丹参片，按麸炒法炮制后，趁热将酒均匀喷上，摊开晾冷。每丹参片 100 kg，用酒 12.5 kg。	《贵州省中药饮片炮制规范》（2005 年版）
醋制	取丹参片，加醋拌匀，微润，置锅内用文火微炒，取出晾干。每丹参片 100 kg，用醋 10 kg。	《陕西省中药饮片标准（第一册）》（2007 年版）

（续表）

炮制方法	技术要点	备注
猪心血制	每丹参净片 100 g，用猪心 3 只取血，加黄酒 30 g 拌匀，使之吸尽，干燥。	《上海市中药饮片炮制规范》（2008 年版）
鳖血制	取鳖血与黄酒，与丹参片拌匀，至全部吸干后，再晒干。每丹参片 10 kg，用鳖血、黄酒各 1 kg。	《集成》
米制	取丹参片，先用水湿锅，将米撒贴锅内，加热至米冒烟时，把丹参片倒入锅中，不断翻动，至丹参片由红转深紫色，出锅，筛去米粒，冷却后入库即得。每丹参片 100 kg，用米 20 kg。	《北京市中药饮片炮制规范》（2008 年版）
制炭	取丹参片置锅内，用武火炒至外呈黑色、内呈焦黑色为度，喷洒凉水适量，灭尽火星，取出，晾一夜。	《河南省中药饮片炮制规范》（2005 年版）

炮制，在古代又被称为炮炙、修事、修治，指药物在使用或在制成各种剂型前，需要根据临床需要，进行必要的加工处理，它是我国的一项传统制药技术。

中药材大都属于生药，其中不少药物必须经过一定的炮制处理，才能符合临床用药的需求。中药炮制的目的大致可以归纳为四个方面。

第一，消除或减少药物的毒性、烈性和副作用。如生半夏、生南星有毒，用生姜、明矾炮制，可解除毒性；又如，巴豆有剧毒，去油制霜可减少毒性。

第二，改变药物的性能。如地黄生用性寒凉血，蒸制成熟的则微温而补血；何首乌生用润肠通便、解疮毒，制熟能补肝肾、益精血。

第三，便于制剂和储藏。如将植物类药物切碎便于煎煮，矿物类药物切段便于研粉；又如某些生药在采集后必须烘焙，使药物充分干燥，以便储藏。

第四，使药物洁净、便于服用。如药物在采集后必须清除泥沙杂质和非药用的部分，有些海产品动物类的药物需要漂去咸味及腥味等。

思考：如何确保中草药的药效？

任务六　评价

生产实施活动全过程复盘，沉淀经验、发现新知。学生自评、互评、教师评价。见表 3.5.6 - 1。

表 3.5.6-1　丹参生产任务评价活动

活动步骤	活动内容
材料、设备工具准备	评价标准，纸，笔；相机，每组一台能上网的电脑。
查看标准并评价	1. 阅读评价标准； 2. 给自己的丹参生产实施各个过程评分，给其他人的丹参生产实施各个过程评分，写下评分依据； 3. 汇总分数，求平均值，整理评分依据。
成果展示	分享评价、感悟。
作业	1. 每组提交评价结果； 2. 每位同学提交评价过程及心得。

知识链接

制定科学的评价标准，见表3.5.6-2。

表 3.5.6-2　丹参生产任务评价标准

评价内容	评价标准	评价依据（信息、佐证）	评价方式 自评 0.2	评价方式 他评 0.3	评价方式 教师评价 0.5	权重	得分小计	总分
职业素养	1. 遵守各项法律法规及活动管理规定； 2. 工作认真主动、善于思考、积极发言、操作规范严谨，注重维持药效； 3. 团结协作、互帮互助。	1. 活动参与情况； 2. 考勤表； 3. 资料可行性。				0.3		
专业能力	1. 能了解丹参生产的经济意义； 2. 能清楚丹参生产的注意事项，保持药效； 3. 能组织分工协作，配合默契； 4. 能进行丹参苗定植； 5. 能进行丹参生产的肥水管理； 6. 能进行植株的管理； 7. 能进行病虫害的防治； 8. 能进行适期采收； 9. 能组织复盘研究，进行活动评价。	1. 生产准备物品精准程度； 2. 产品质量与产量； 3. 实施过程记录。				0.7		

模块四 产品销售工作

任务目标

1. 了解销售渠道；
2. 学会组织销售；
3. 能脚踏实地，认真执行，随时关注市场行情，调整销售策略。

任务书

农场生产的300万株黄瓜嫁接苗，如何尽快销售出去？（该任务建议4学时）

工作流程与活动

实施销售、评价。

项目一 实施销售

以小组为单位进行研讨，落实销售形式、包装运输形式，对接客户，完成销售。见表4.1-1。

表4.1-1 销售活动

活动步骤	活动内容
材料、设备工具准备	接受任务，准备纸、笔，预习查找的资料、教材等；相机，每人一台能上网的电脑，多媒体教室。
小组研讨	1. 小组讨论，确定销售各类事项； 2. 明确小组成员任务分工； 3. 订单客户如何组织送货； 4. 产品如何进入市场； 5. 形成实施方案； 6. 实施包装； 7. 实施运输，完成销售。

(续表)

活动步骤	活动内容
成果展示	1. 分享讨论成果、感悟； 2. 修改实施方案。
作业	1. 每组提交实施方案； 2. 每位同学提交讨论过程及心得。

一、知识基础

销售要立足企业发展，满足客户需要，在产品和用户之间架起信任的桥梁。

营销渠道就是商品和服务从生产者向消费者转移过程的具体通道或路径。其包括产品从生产商到消费者的直销渠道、产品通过中间商到消费者的间接销售渠道。

销售人员需要对行业、产品特点优势、客户了如指掌。要从客户的角度考虑问题、分析问题、解决问题，获得持续有效的销售；保持诚信，注重与客户实现有效沟通，引导客户体验，尊重客户的需求，倾听客户的心声，解决客户的心理矛盾，满足客户的心理预期。

园艺产品不耐储运，如蔬菜种苗产品货架期短，销售不完就会成为废品，属于典型的订单生产。销售时要依据种苗活体和对质量要求高的特点，运用特殊包装、保温防热、空气流通的运输设备，确保秧苗安全抵达目的地。水果、花卉、中草药等产品各有特色，销售中要具体问题具体分析。

二、知识链接

下面介绍中草药产品的包装、运输与储藏。

包装：中草药材料应清洁、干燥、无污染、无破损，并符合药材质量要求。包装按标准操作规程操作，有包装记录。包装记录包括品名、规格、产地、重量、包装工号、包装日期等。每件药材上应标明品名、规格、产地、批号、重量、包装日期、生产单位，并附有质量合格的标志。

运输：批量运输时，不应与其他有毒、有害、易串味的物质混装。运输容器应具有较好的通气性，以保持干燥，并应有防潮措施。

储藏：仓库应通风、干燥、避光，必要时安装空调及除湿设备，并具有防鼠、虫、禽畜的措施。地面应整洁、无缝隙、易清洁。药材应存放在货架上，与墙壁保持足够距离，防止虫蛀、霉变、腐烂、泛油等问题发生，并定期检查。

项目二 评价

生产实施活动全过程复盘,沉淀经验、发现新知。学生自评、互评、教师评价。见表4.2-1。

表4.2-1 销售任务过程评价

活动步骤	活动内容
材料、设备工具准备	评价标准,纸,笔;相机,每组一台能上网的电脑。
查看标准并评价	1. 阅读评价标准; 2. 给自己的销售过程评分,给其他人的销售过程评分,写下评分依据; 3. 汇总分数,求平均值,整理评分依据。
成果展示	分享评价、感悟。
作业	1. 每组提交评价结果; 2. 每位同学提交评价过程及心得。

制定科学的评价标准,见表4.2-2。

表4.2-2 销售评价标准

评价内容	评价标准	评价依据(信息、佐证)	评价方式 自评 0.2	评价方式 他评 0.3	评价方式 教师评价 0.5	权重	得分小计	总分
职业素养	1. 遵守各项法律法规及活动管理规定; 2. 工作认真主动、善于思考、积极发言、操作规范严谨; 3. 团结协作、互帮互助、诚信友善。	1. 活动参与情况; 2. 考勤表; 3. 资料可行性。				0.3		
专业能力	1. 能掌握销售流程; 2. 能写出销售计划; 3. 能做好销售前的准备; 4. 能安全地把产品送达目的地; 5. 能组织复盘研究,进行活动评价。	1. 销售准备物品精准程度; 2. 产品质量与产量; 3. 实施过程记录。				0.7		

模块五　效益分析

任务目标

1. 了解效益分析的作用；
2. 学会效益分析的流程；
3. 能脚踏实地，认真学习，随时关注国家政策及相关产业信息，调整生产管理策略。

任务书

农场生产的 300 万株黄瓜嫁接苗，如何产生盈利？（该任务建议 4 学时）

工作流程与活动

效益分析、评价。

项目一　效益分析

以小组为单位进行研讨，理清成本组成、收益来源，找到降低成本、提升品质、实现创新的关键，更好地实现公司盈利，扩大发展。见表 5.1-1。

表 5.1-1　效益分析活动

活动步骤	活动内容
材料、设备工具准备	接受任务，准备纸、笔，预习查找的资料、教材等；相机，每人一台能上网的电脑，多媒体教室。

(续表)

活动步骤	活动内容
小组研讨、效益分析	1. 小组讨论，确定效益分析的各类事项； 2. 明确小组成员任务分工； 3. 理清成本明细； 4. 理清收入明细； 5. 分析各类数据关联度； 6. 完成效益分析。
成果展示	1. 分享讨论成果、感悟； 2. 修改效益分析明细。
作业	1. 每组提交效益分析明细； 2. 每位同学提交讨论过程及心得。

知识基础

（一）材料成本

常见的育苗种类以番茄、辣椒、茄子、黄瓜为主。对温室育苗成本进行调查（见表5.1-2），并对蔬菜育苗效益进行分析。

表5.1-2 育苗基本生产成本（单位：元/株）

项目	黄瓜	茄子	辣椒	番茄
接穗种子费	0.25	0.35	0.475	0.425
砧木种子费	0.03	0.1	—	—
基质费	0.015	0.015	0.015	0.015
穴盘费	0.015	0.015	0.015	0.015
化肥费	0.003	0.003	0.003	0.003
农膜费	0.0003	0.0003	—	—
农药费	0.0003	0.0003	0.0003	0.0003
燃料动力费	0.003	0.003	0.003	0.003
生产成本合计	0.3166	0.4866	0.5113	0.4613

育苗基本生产成本由高到低依次为：辣椒0.5113元/株、茄子0.4866元/株、番茄0.4613元/株、黄瓜0.3166元/株。从投入比例分析，辣椒种子费所占比例最高，为92.90%，其余三种种苗种子费所占比例由高到低依次为茄子92.48%、番茄92.13%、黄瓜88.44%。

（二）人工劳务成本分析

育苗包括播种、育苗、嫁接、嫁接后管理、移栽五个生产环节。如果一个育苗场机械播种率不足5%，主要依靠人工操作，每种蔬菜培育的生产环节、人工横向成本相等，则人工嫁接操作成本最高，为0.09元/株。其余生产环节成本：播种0.01元/株、苗期管理0.03元/株、嫁接后管理0.03元/株、移栽0.05元/株。见表5.1-3。

表5.1-3　人工劳务成本（元/株）

项目	黄瓜	茄子	辣椒	番茄
播种	0.01	0.01	0.01	0.01
苗期管理	0.03	0.03	0.03	0.03
嫁接	0.09	0.09	-	-
嫁接后管理	0.03	0.03	-	-
移栽	0.05	0.05	0.05	0.05
总计	0.21	0.21	0.09	0.09

由以上表格分析可知，育苗工作全部由人工完成时，育苗平均成本最高的为茄子0.6966元/株，其余三种蔬菜育苗成本由高到低依次为：辣椒0.6013元/株、番茄0.5513元/株、黄瓜0.5266元/株。育苗成本中，各品种的人工劳务成本占育苗总成本的比例分别为：黄瓜39.88%、茄子30.15%、辣椒14.97%、番茄16.33%。由此可见，人工劳务成本较高，不利于工厂化育苗的实现。

（三）机械化育苗成本分析

以一个中型育苗厂为例，育苗厂每年育苗6 000万株，其中嫁接苗1 200万株。

SDSL-600标准滚筒式穴盘播种流水线的引进成本为80万元，所需附加设备空气压缩机成本为1 200元，使用寿命为10年，设备维护费5 000元/年，总电功率为8.6 kW，每小时可播种72孔600盘，播种准确率可达95%。整条流水线需要一名技术员、三名工人，技术人员工资150元/天，每名工人工资100元/天。播种机每天工作8 h，需工作173.6 d，耗电11 944度，以工业用电价格0.8元/度计，用电费约9 555元，操作人员工资78 120元。以播种机的使用寿命为10年计算，播种成本为0.0029元/株，不足人工播种成本的1/3。

TJ-800型蔬菜自动嫁接机的购买成本为10万元，所需附加设备空气压缩机成本为1 200元，使用寿命为10年，设备维护费1 000元/年，总电功率1.5 kW，采用贴接法，生产效率为800株/h，成活率可达95%，需要两名工人即可，每名工人工资100元/天。按育苗厂培育嫁接苗1 200万株/年计算，需进10台嫁接机。嫁接机每天工作8 h，需要工作187.5 d，耗电22 500度，以工业用电价格0.8元/度计，用电费18 000元，操作人员工资37 500元。以嫁接机的使用寿命为10年计算，嫁接成本为0.035元/株，不到人工操作嫁接成本的1/2。

（四）提升效益

1. 选择合适的砧木品种

在冬春茬黄瓜的生产中，一般都利用黑籽南瓜做砧木对黄瓜进行嫁接，可以明显提高植株的抗逆性。

2. 改良嫁接技术

改良黄瓜嫁接技术和常规靠接法相比减少了一次缓苗，它把靠接后的嫁接苗直接栽入定植畦内，然后浇水、喷洒杀菌剂、扣上地膜。这样可以省去一部分育苗畦，秧苗成活时间提前 10 d 左右，嫁接成活率提高到 98% 以上，既可以节省人力物力，又可以使黄瓜提前上市 7~10 d。

3. 提高机械化

改进嫁接机械化设备，提高机械化设备的使用效率，实现工厂化育苗，减少人工费用支出。

项目二　评价

生产实施活动全过程复盘，沉淀经验、发现新知。学生自评、互评、教师评价，总结。见表5.2-1。

表5.2-1　效益分析任务过程及评价

活动步骤	活动内容
材料、设备工具准备	评价标准，纸，笔；相机，每组一台能上网的电脑。
查看标准并评价	1. 阅读评价标准； 2. 给自己的效益分析过程评分，给其他人的效益分析过程评分，写下评分依据； 3. 汇总分数，求平均值，整理评分依据。
成果展示	分享评价、感悟。
作业	1. 每组提交评价结果； 2. 每位同学提交评价过程及心得。

制定科学的评价标准，见表5.2-2。

表5.2-2　销售评价标准

评价内容	评价标准	评价依据（信息、佐证）	评价方式 自评 0.2	评价方式 他评 0.3	评价方式 教师评价 0.5	权重	得分小计	总分
职业素养	1. 遵守各项法律法规及活动管理规定； 2. 工作认真主动、善于思考、积极发言、操作规范严谨； 3. 团结协作、互帮互助、诚信友善。	1. 活动参与情况； 2. 考勤表； 3. 资料可行性。				0.3		

147

（续表）

评价内容	评价标准	评价依据（信息、佐证）	评价方式 自评 0.2	评价方式 他评 0.3	评价方式 教师评价 0.5	权重	得分小计	总分
专业能力	1. 能掌握效益分析方法； 2. 能写出分析明细； 3. 能比较分析数据； 4. 能组织复盘研究，进行活动评价。	1. 销售准备物品精准程度； 2. 产品质量与产量； 3. 实施过程记录。				0.7		

参考文献

[1] 汪志辉，贺忠群. 设施园艺学［M］. 北京：中国水利水电出版社，2013.

[2] 胡晓辉. 园艺设施设计与建造［M］. 北京：科学出版社，2016.

[3] 邹瑞昌，王远全，王爱民，等. 南方钢架塑料大棚建造与配套使用技术［C］//2016 全国设施园艺产业发展与安全高效栽培技术交流会论文汇编. 2016.

[4] 刘建，周长吉. 日光温室结构优化的研究进展与发展方向［J］. 内蒙古农业大学学报（自然科学版），2007，28（3）：264-268.

[5] 周长吉，王应宽. 中国现代温室的主要型式及其性能［J］. 农业工程学报，2001，17（1）：16-21.

[6] 冯广和. 国内外现代温室的发展［J］. 新疆农机化，2004（3）：50-51.

[7] 赵淑梅，山口智治，周清等. 现代温室湿帘风机降温系统的研究［J］. 农机化研究，2007（9）：147-152.

[8] 王琼. 塑料大棚建造技术［J］. 农业科技与信息，2011（13）：27.

[9] 吴崇义. 全钢架拱圆式塑料大棚建造技术［J］. 农业科技与信息，2018（10）：55-58.

[10] 陆帼一，程智慧，等. 北方日光温室建造及配套设施［M］. 北京：金盾出版社，2004.

[11] 银立新，郭春贵. 花卉生产技术［M］. 北京：中国农业出版社，2009.

[12] 宋军阳. 温室切花生产新技术［M］. 咸阳：西北农林科技大学出版社，2005.

[13] 王宇欣，段红平. 设施园艺工程与栽培技术［M］. 北京：化学工业出版社，2008.

[14] 韩春叶. 花卉生产技术［M］. 2 版. 北京：中国农业大学出版社，2018.

[15] 唐开学. 切花月季标准化生产技术［M］. 北京：科学出版社，2021.

[16] 程冉，赵燕燕. 鲜切花生产与保鲜技术［M］. 北京：中国农业出版社，2015.

[17] 陈旦蕊，杜梦清. 温室花卉生产成本分析与控制［J］. 现代园艺，2014（10）：45-46.

[18] 周云仙. 温室花卉生产成本分析与控制 [J]. 技术与市场, 2017, 24 (5): 263-264.

[19] 谯德惠. 科隆园艺: 高质量 有见地 有创新 [J]. 中国花卉园艺, 2014 (13): 19-20.

[20] 李蒙蒙, 么秋月. 设施盆栽花卉企业调研纪实与产业发展建议 [J]. 农业工程技术, 2018 (13): 10-20.

[21] 张晖, 孙婷婷, 许帅峰. 北方地区设施花卉的品种选择及销售方式分析 [J]. 农业工程技术, 2020 (13): 22-25.

[22] 吴艳华, 夏忠强. 北方日光温室蝴蝶兰生产管理技术 [J]. 黑龙江农业科学, 2021 (11): 144-145.

[23] 刘彩文. 我国设施农业发展现状探讨 [J]. 现代园艺, 2018 (7): 24.

[24] 王梦霓. 沈阳地区设施农业发展研究 [D]. 吉林大学, 2013.

[25] 付姝宏. 发展设施农业增加农民收入的几点思考——以辽宁省朝阳市设施种植农业为例 [J]. 农业经济, 2014 (6): 62-63.

[26] 徐宁. 我国设施农业技术发展存在的问题分析 [J]. 南方农机, 2018 (1): 91.

[27] 唐正荣, 李晓辉. 寿光农业产业化经营特点及启示 [J]. 重庆科技学院报 (社会科学版), 2010 (15): 73-75.

[28] 陈春良. 荷兰、日本、以色列设施农业发展经验与政策启示 [J]. 政策瞭望, 2016 (9): 47-50.

[29] 王丹. 大连金普新区设施农业发展对策研究 [D]. 大连理工大学, 2018.

[30] 王甜甜, 胡进. 山东省设施农业发展现状与对策研究 [J]. 科技创业月刊, 2015 (21): 3-4.

[31] 范永华, 滕少明, 李召国, 等. 山东省蔬菜产业发展研究 [J]. 山东经济战略研究, 2014 (3): 22-25.

[32] 韩世栋. 蔬菜生产技术 (北方本) [M]. 北京: 中国农业出版社, 2019.

附　录

附录一　行业标准

1. 《日光温室全产业链管理技术规范》（黄瓜）
2. 《葡萄生产全程质量控制技术规范》
3. 《切花月季生产技术规程》
4. 《中药材种子（种苗）丹参》
5. 《农田灌溉水质标准》
6. 《农药合理使用准则》
7. 《农药管理条例》
8. 《禁限用农药名录》

附录二　农药分类

名称	类别	类型	作用方式	防治对象	注意事项
丁硫克百威	氨基甲酸酯类	杀虫剂	胃毒、触杀	鳞翅目	乙酰胆碱酯酶抑制剂
异丙威	氨基甲酸酯类	杀虫剂	胃毒、触杀	鳞翅目	乙酰胆碱酯酶抑制剂
茚虫威	氨基甲酸酯类	杀虫剂	胃毒、触杀	鳞翅目	乙酰胆碱酯酶抑制剂
除虫脲	苯甲酰脲类	杀虫剂	胃毒、触杀	鳞翅目	几丁质合成抑制剂
灭幼脲	苯甲酰脲类	杀虫剂	胃毒、触杀	鳞翅目和双翅目昆虫幼虫	几丁质合成抑制剂
虱螨脲	苯甲酰脲类	杀虫剂	胃毒、触杀	鳞翅目	几丁质合成抑制剂
吡蚜酮	吡啶类	杀虫剂	胃毒、触杀、内吸	刺吸式口器	
虫螨腈	吡咯类	杀虫剂	胃毒、触杀、内吸	钻蛀、刺吸和咀嚼式害虫及螨类	氧化磷酸化解偶联剂
氟虫腈	吡唑类	杀虫剂	胃毒、触杀	半翅目、缨翅目、鞘翅目、鳞翅目等害虫	γ-氨基丁酸受体抑制剂，氯离子通道

(续表)

名称	类别	类型	作用方式	防治对象	注意事项
氟啶虫胺腈	磺酰亚胺类	杀虫剂	内吸	刺吸式口器	烟碱型乙酰胆碱受体竞争剂
灭蝇胺	昆虫生长调节剂	杀虫剂	内吸	双翅目	昆虫蜕皮干扰物
噻嗪酮	昆虫生长调节剂	杀虫剂	胃毒、触杀	同翅目幼虫	几丁质合成抑制剂
联苯肼酯	联苯肼类	杀虫剂	胃毒、触杀	螨类、杀卵	
丁醚脲	硫脲类	杀虫剂	胃毒、触杀	螨类、鳞翅目、同翅目	ATP合成抑制剂
氟氯氰菊酯	拟除虫菊酯类	杀虫剂	胃毒、触杀	鳞翅目幼虫及蚜虫	神经突触钠离子通道调节剂
高效氟氯氰菊酯	拟除虫菊酯类	杀虫剂	胃毒、触杀	鳞翅目、鞘翅目、半翅目、螨类	神经突触钠离子通道调节剂
高效氯氰菊酯	拟除虫菊酯类	杀虫剂	胃毒、触杀	鳞翅目、同翅目、半翅目	神经突触钠离子通道调节剂
联苯菊酯	拟除虫菊酯类	杀虫剂	胃毒、触杀	鳞翅目、半翅目、同翅目、螨类	神经突触钠离子通道调节剂
氯菊酯	拟除虫菊酯类	杀虫剂	胃毒、触杀	鳞翅目、鞘翅目	神经突触钠离子通道调节剂
氯氰菊酯	拟除虫菊酯类	杀虫剂	胃毒、触杀	鳞翅目、同翅目、半翅目	神经突触钠离子通道调节剂
溴氰菊酯	拟除虫菊酯类	杀虫剂	触杀、胃毒、拒食	鳞翅目幼虫、蚜虫	神经突触钠离子通道调节剂
杀虫双	沙蚕毒素类	杀虫剂	胃毒、触杀、内吸	鳞翅目、同翅目	烟碱型乙酰胆碱受体通道阻断剂
杀螟丹	沙蚕毒素类	杀虫剂	胃毒、触杀、内吸	鳞翅目、同翅目	烟碱型乙酰胆碱受体通道阻断剂
阿维菌素	生物源	杀虫剂	胃毒、触杀	螨类、鳞翅目、同翅目	
淡紫拟青霉	生物源	杀虫剂	寄生	线虫	
短稳杆菌	生物源	杀虫剂	活体细菌	鳞翅目幼虫	
多杀霉素	生物源	杀虫剂	胃毒、触杀	鳞翅目、双翅目和缨翅目	

（续表）

名称	类别	类型	作用方式	防治对象	注意事项
耳霉菌	生物源	杀虫剂	活体真菌	蚜虫	
甲氨基阿维菌素苯甲酸盐	生物源	杀虫剂	胃毒、触杀	螨类、鳞翅目、同翅目	
金龟子绿僵菌	生物源	杀虫剂	胃毒、触杀	鳞翅目幼虫	
苦参碱	生物源	杀虫剂	胃毒、触杀	鳞翅目幼虫、蚜虫、蓟马、跳甲	
苦皮藤素	生物源	杀虫剂	麻醉、毒杀、拒食	鳞翅目、半翅目、鞘翅目、双翅目	
球孢白僵菌	生物源	杀虫剂	胃毒、触杀	鳞翅目、鞘翅目等	
苏云金杆菌	生物源	杀虫剂	胃毒、触杀	鳞翅目、直翅目、鞘翅目、双翅目、膜翅目	
依维菌素	生物源	杀虫剂	胃毒、触杀	螨类、鳞翅目、同翅目	
乙基多杀菌素	生物源	杀虫剂	触杀、胃毒	鳞翅目、双翅目和缨翅目	
鱼藤酮	生物源	杀虫剂	触杀、胃毒	鳞翅目	
氯虫苯甲酰胺	双酰胺类	杀虫剂	胃毒、触杀	鳞翅目、半翅目、鞘翅目、双翅目	
四氯虫酰胺	双酰胺类	杀虫剂	胃毒、触杀	鳞翅目、半翅目、鞘翅目、双翅目	
四唑虫酰胺	双酰胺类	杀虫剂	胃毒、触杀	鳞翅目、半翅目、鞘翅目、双翅目	
氰氟虫腙	缩氨脲类	杀虫剂	胃毒、触杀	咀嚼式口器	
甲氧虫酰肼	双酰肼类	杀虫剂	胃毒、触杀	鳞翅目害虫	蜕皮激素受体激动剂
吡虫啉	新烟碱类	杀虫剂	内吸	刺吸式害虫、小型鳞翅目和鞘翅目害虫	烟碱型乙酰胆碱受体竞争剂

（续表）

名称	类别	类型	作用方式	防治对象	注意事项
啶虫脒	新烟碱类	杀虫剂	内吸	刺吸式害虫、小型鳞翅目和鞘翅目害虫	烟碱型乙酰胆碱受体竞争剂
呋虫胺	新烟碱类	杀虫剂	内吸	刺吸式害虫、小型鳞翅目和鞘翅目害虫	烟碱型乙酰胆碱受体竞争剂
氟吡呋喃酮	新烟碱类	杀虫剂	内吸	刺吸式害虫、小型鳞翅目和鞘翅目害虫	烟碱型乙酰胆碱受体竞争剂
环氧虫啶	新烟碱类	杀虫剂	内吸	刺吸式害虫、小型鳞翅目和鞘翅目害虫	烟碱型乙酰胆碱受体竞争剂
螺虫乙酯	新烟碱类	杀虫剂	内吸	刺吸式害虫、小型鳞翅目和鞘翅目害虫	烟碱型乙酰胆碱受体竞争剂
噻虫胺	新烟碱类	杀虫剂	内吸	鞘翅目、双翅目、鳞翅目、同翅目	烟碱型乙酰胆碱受体竞争剂
噻虫嗪	新烟碱类	杀虫剂	内吸	鞘翅目、双翅目、鳞翅目、同翅目	烟碱型乙酰胆碱受体竞争剂
烯啶虫胺	新烟碱类	杀虫剂	内吸	刺吸式口器	烟碱型乙酰胆碱受体竞争剂
二嗪磷	有机磷类	杀虫剂	触杀、胃毒、熏蒸	螨类、鳞翅目、同翅目、杀卵	乙酰胆碱酯酶抑制剂
甲基嘧啶磷	有机磷类	杀虫剂	触杀、胃毒和熏蒸	储粮甲虫、象鼻虫、蛾类和螨类	乙酰胆碱酯酶抑制剂
甲维·三唑磷	有机磷类	杀虫剂	胃毒、触杀、渗透	鳞翅目、线虫、杀卵	乙酰胆碱酯酶抑制剂
三唑锡	有机锡类	杀虫剂	胃毒、触杀	螨类、卵	ATP合成抑制剂
哒螨灵	杂环类	杀虫剂	触杀、胃毒	螨类	
丁氟螨酯	吡唑类	杀虫剂	触杀	螨类	
四聚乙醛	小分子聚合物	杀虫剂	触杀、胃毒	蜗牛	
嘧菌环胺	苯氨基嘧啶类	杀菌剂	保护性	葡萄灰霉病	蛋氨酸合成抑制剂

（续表）

名称	类别	类型	作用方式	防治对象	注意事项
嘧霉胺	苯氨基嘧啶类	杀菌剂	内吸、熏蒸	灰霉病	
多菌灵	苯并咪唑类	杀菌剂	内吸	子囊菌、担子菌、半知菌	
氟酰胺	苯甲酰胺类	杀菌剂	内吸	担子菌、丝核菌	
克菌丹	苯甲酰亚胺类	杀菌剂	保护性	担子菌、子囊菌、半知菌	在红提葡萄上易产生药害
稻瘟酰胺	苯氧酰胺类	杀菌剂	内吸	稻瘟病	
氟啶胺	吡啶类	杀菌剂	保护性	葡萄孢属、疫霉属、黑星菌属等	
咯菌腈	吡咯类	杀菌剂	保护性	灰霉病，种传、土传病害	
氟唑环菌胺	吡唑酰胺类	杀菌剂	内吸	玉米丝黑穗病、黑粉病、丝核菌	
氟唑菌酰羟胺	吡唑酰胺类	杀菌剂	内吸	多种真菌	
氨基寡糖素	多糖类	杀菌剂	诱导抗性	枯萎病、立枯病、猝倒病、病毒病等	
噁霉灵	恶唑类	杀菌剂	内吸	土传病害	
二氰蒽醌	蒽醌类	杀菌剂	保护性	苹果炭疽病、轮纹病	
异菌脲	二甲酰亚胺类	杀菌剂	保护性	半知菌	抑制病菌孢子萌发和菌丝生长
氰霜唑	磺胺咪唑类	杀菌剂	内吸	疫霉、霜霉、腐霉	影响线粒体细胞色素 b、c1 的电子传递
硅噻菌胺	甲酰胺类	杀菌剂	种子处理剂	小麦全蚀病	ATP 合成抑制剂，能够抑制 ATP 从线粒体向细胞溶质的传递
吡唑醚菌酯	甲氧基丙烯酸酯类	杀菌剂	内吸	多种真菌	影响线粒体细胞色素 b 的电子传递
啶氧菌酯	甲氧基丙烯酸酯类	杀菌剂	内吸	多种真菌	
嘧菌酯	甲氧基丙烯酸酯类	杀菌剂	内吸	多种真菌	

（续表）

名称	类别	类型	作用方式	防治对象	注意事项
氰烯菌酯	甲氧基丙烯酸酯类	杀菌剂	内吸	小麦赤霉病、水稻恶苗病、瓜类枯萎病	肌球蛋白-5抑制剂，破坏细胞骨架和马达蛋白
氯溴异氰尿酸	氯化异氰尿酸酯类	杀菌剂	内吸	真菌、细菌、病毒	分解产生次氯酸
三氯异氰尿酸	氯化异氰尿酸酯类	杀菌剂	内吸	真菌、细菌、病毒	分解产生次氯酸
盐酸吗啉胍	吗啉胍类	杀菌剂	内吸	病毒	
烯酰吗啉	吗啉类	杀菌剂	内吸	疫霉、霜霉、腐霉	
咪鲜胺	咪唑类	杀菌剂	保护性、铲除性	子囊菌、半知菌	甾醇合成抑制剂
咪鲜胺锰盐	咪唑类	杀菌剂	保护性、铲除性	子囊菌、半知菌	
抑霉唑	咪唑类	杀菌剂	内吸	苹果腐烂病、炭疽病、柑橘青霉病	
百菌清	取代苯类	杀菌剂	保护性	多种真菌	与含有半胱氨酸的蛋白质结合
噻霉酮	塞唑啉酮类	杀菌剂	内吸	黄瓜霜霉病、苹果轮纹病、梨黑星病、细菌	破坏细胞核结构、干扰新陈代谢
噻森铜	噻唑类	杀菌剂	内吸	细菌	破坏细胞壁
噻唑锌	噻唑类	杀菌剂	内吸	细菌	破坏细胞壁
噻呋酰胺	噻唑酰胺类	杀菌剂	内吸	担子菌	琥珀酸酯脱氢酶抑制剂
苯醚甲环唑	三唑类	杀菌剂	内吸	黑星病、叶斑病、白粉病、锈病等	甾醇合成抑制剂，破坏细胞膜
丙硫菌唑	三唑类	杀菌剂	内吸	多种真菌	甾醇合成抑制剂，破坏细胞膜
粉唑醇	三唑类	杀菌剂	内吸	子囊菌、担子菌、半知菌	甾醇合成抑制剂，破坏细胞膜

(续表)

名称	类别	类型	作用方式	防治对象	注意事项
氟硅唑	三唑类	杀菌剂	内吸	子囊菌、担子菌、半知菌	甾醇合成抑制剂，破坏细胞膜
氟环唑	三唑类	杀菌剂	内吸	子囊菌、担子菌、半知菌	甾醇合成抑制剂，破坏细胞膜
己唑醇	三唑类	杀菌剂	内吸	多种真菌	甾醇合成抑制剂，破坏细胞膜
腈菌唑	三唑类	杀菌剂	内吸	担子菌、子囊菌	甾醇合成抑制剂，破坏细胞膜
灭菌唑	三唑类	杀菌剂	内吸	种传病害	甾醇合成抑制剂，破坏细胞膜
三环唑	三唑类	杀菌剂	内吸	稻瘟病	甾醇合成抑制剂，破坏细胞膜
三唑酮	三唑类	杀菌剂	内吸、铲除性	锈病、白粉病等	甾醇合成抑制剂，破坏细胞膜
戊唑醇	三唑类	杀菌剂	内吸	多种真菌	甾醇合成抑制剂，破坏细胞膜
四氟醚唑	三唑类（第二代）	杀菌剂	内吸	多种真菌	甾醇合成抑制剂，破坏细胞膜
春雷霉素	生物源	杀菌剂	内吸	稻瘟病、细菌性角斑	
大蒜素	生物源	杀菌剂	内吸	枯萎病、根腐病、黑斑病、细菌性角斑	
多抗霉素	生物源	杀菌剂	内吸	水稻纹枯病、苹果轮纹病、葡萄灰霉病	
解淀粉芽孢杆菌	生物源	杀菌剂	活体细菌	稻曲病、纹枯病、枯萎病、灰霉病	
井冈霉素	生物源	杀菌剂	内吸	水稻纹枯病、菌核病、稻曲病等	
枯草芽孢杆菌	生物源	杀菌剂	活体细菌	土传病害、多种真菌	

(续表)

名称	类别	类型	作用方式	防治对象	注意事项
申嗪霉素	生物源	杀菌剂	内吸	疫病、枯萎病、纹枯病、霜霉病、赤霉病等	
甲基硫菌灵	托布津类	杀菌剂	内吸	多种真菌	
辛菌胺醋酸盐	烷基多胺类	杀菌剂	内吸	真菌、细菌、病毒	
氢氧化铜	无机铜	杀菌剂	保护性	霜霉、疫霉、细菌	
精甲霜灵	酰胺类	杀菌剂	内吸	霜霉、疫霉、腐霉	
腐霉利	酰亚胺类	杀菌剂	内吸	葡萄孢属、核盘菌属	
溴硝醇	小分子	杀菌剂	内吸	细菌	
啶酰菌胺	烟酰胺类	杀菌剂	内吸	多种真菌	
三乙膦酸铝	有机磷类	杀菌剂	内吸	霜霉属、疫霉属、单轴霜属	
丙森锌	有机硫类	杀菌剂	保护性	多种真菌	
代森锰锌	有机硫类	杀菌剂	保护性	多种真菌	
代森锌	有机硫类	杀菌剂	保护性	多种真菌	
福美双	有机硫类	杀菌剂	保护性	稻瘟病、胡麻叶斑病、小麦黑穗病、白粉病	
喹啉铜	有机铜	杀菌剂	保护性	苹果轮纹病	
络氨铜	有机铜	杀菌剂	内吸	真菌、细菌和霉菌	
噻菌铜	有机铜	杀菌剂	内吸	多种细菌、真菌	
乙嘧酚	杂环类	杀菌剂	内吸	白粉病	